脳活トレーニングパズル

魔方陣

まほうじん

初級編

素数人

そすうじん

文芸社

はじめに

　魔方陣とは、ファンタジーなどに出てくる「魔法陣」とは別のもので、タテ・ヨコ・ナナメの合計が、それぞれ同じになる数字の並びを言います。ひとつの魔方陣の中では、マスの総数までの数字をひとつずつ過不足なく使います。同じ数字を複数回使ったり、使わない数が出てきたりはしません。

　最も小さな魔方陣は、タテ・ヨコそれぞれが3マスで、1から9までの数が入る「三方陣」ですが、これは1通りしかありません。
「四方陣」、つまり4×4のマスを1から16の数字で埋めるものは880通り、「五方陣」は275,305,224通りあることが分かっています。

　ちなみに、三方陣のタテ・ヨコ・ナナメ、それぞれの合計は15、四方陣の合計は34、五方陣の合計は65となります。

　そして、1から16までの数字から4つの組み合わせで合計34になるのは86通りあり、そのうち1を含む2組の組み合わせは67通りあります。さらに、その67組のうち、有効な2組の組み合わせは25通りあるだけです。

　この本は、四方陣の880通りのパターンから、やさしく解ける問題を中心に掲載した「初級編」です。例えば、空欄の2マスの合計が最大か最小の箇所を先に埋めるなど、ルールを踏まえて解いていくと、解き方のコツが分かってきます。脳のトレーニングになりますから、ぜひ挑戦してみてください。

目次

【ルール編】

四方陣の解き方

解き方

　全問とも同じ解き方です。ルールは簡単で、タテ・ヨコ・ナナメの合計が34になるように、各問題の下の欄にある数字から選んで、空欄に入れていきます。

　なお、各ページの上部にひとつだけ飛び出している四方陣は、タテ・ヨコ・ナナメに一例が入っています。そしてそれが、そのページの解き方のヒントにもなっています。

　タテ・ヨコ・ナナメの一列4マス中、すでに3つが埋まっているところは、すでにある3つの数字の合計を出し、34から引いていけば、空欄はすぐに埋まりますから簡単ですね。他のタテ・ヨコ・ナナメも、次々と数字が入っていくでしょう。

　空欄が多くてすぐに数字が入らない問題は、仮の数字を入れて計算し、1マスずつ確定していくわけですが、次のルールⅠ～Ⅳを頭に入れておくと、簡単に解くことができます。

　ただし、Ⅳについては、必ずしも合計が34になるわけではありません。

Ⅰ　すべてのタテ・ヨコ・ナナメ　A+B+C+D=34

A				A	B	C	D	A			
B									B		
C										C	
D											D
	A										A
	B			A	B	C	D			B	
	C								C		
	D							D			
		A									
		B									
		C		A	B	C	D				
		D									
			A								
			B								
			C								
			D	A	B	C	D				

Ⅱ　4つの角
A+B+C+D=34

A			B
D			C

Ⅲ　中の4数
A+B+C+D=34

	A	B	
	D	C	

Ⅳ　A+B=C+Dの４数

A			B				
				A			B
					C	D	
	C	D					
	C	D					
					C	D	
				A			B
A			B				
A					A		
			C			C	
			D			D	
B					B		
			A			A	
C					C		
D					D		
			B			B	
A							A
		C			C		
	D					D	
			B	B			

例:

次ページの図を見てください。「問題に入れる数字」に1、8、9、16とあります。この4つの数が四隅の空欄のどこに入れれば、タテ・ヨコ・ナナメの合計が34になるかを探っていきます。

1）空欄に絡むタテ・ヨコ・ナナメで、一番数字が大きいところに着目します。

あ列は12と13が入っていますから合計25です。ア行の2+15=17やエ行の11+6=17、え列の5+4=9より大きいので、あ列から取り掛かります。

2) 12+13=25ですから、空欄ふたつの合計は、34-25=9です。「問題に入れる数字」の中で、合計が9になるふたつの数字は1と8しかありません。なので、あ×アのマスとあ×エのマスには、どちらかに1、どちらかに8が入ることになります。

3) 大きいほうの8をあ×アのマスに入れてみます。するとナナメが「8+14+10」で32となり、このナナメラインが合計34になるためには、え×エのマスは2となりますが、2は「問題に入れる数字」にありません。すでに四方陣の中に2は使われています。すなわち、あ×アのマスは8でなく、1と確定されます。

4) あ×アのマスが1と決まると、他の行・列も自ずと決まっていきます。

空欄に入る可能性のある数字と、可能性のまったくない数字をメモしながら絞り込み、解答を導き出すということになりますが、数字をひとつずつ当てはめていくと時間がかかります。合計が34になる数字の組み合わせ、さらにそれが異なる数字でタテとヨコ（あるいはタテとナナメ）になったときの組み合わせは限られますから、それを頭に入れると、簡単かつスムーズに解答が導き出されるはずです。

例

	あ	い	う	え
ア		2	15	
イ	12	14	3	5
ウ	13	7	10	4
エ		11	6	

1　8　9　16　問題に入れる数字

解答

1	2	15	16
12	14	3	5
13	7	10	4
8	11	6	9

1　8　9　16

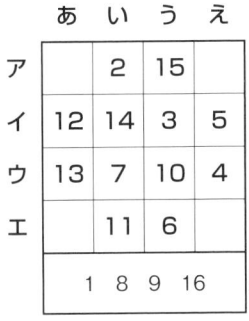

四方陣制覇脳トレ

1	2	15	16
8	9		
12		10	
13			14

1			16
12	14	3	5
13	7	10	4
	11	6	

2 8 9 15

	2	16	
13	14	4	3
12	7	9	6
8			10

1 5 11 15

10	12	5	
	1	16	2
	8	9	11
3	13	4	

6 7 14 15

	1	16	2
6	8	9	
3	13	4	
	12	5	7

10 11 14 15

2

1	2	15	16
8	9		
12		10	
13			14

13	14	3	4
1			16
	7	10	
8	11	6	9

2　5　12　15

14		3	4
2	1		16
11	8		5
7		6	9

10　12　13　15

13	14		3
1		16	15
12		9	6
8	11		10

2　4　5　7

2	15	1	16
	10	8	
14			4
7	6	12	9

3　5　11　13

3

1	2	15	16
8	9		
12		10	
13			14

1	2	15	
13		3	4
12	7		5
	11	6	9
8 10 14 16			

	16	2	15
12	9		6
13		14	3
8	5	11	
1 4 7 10			

14	12	5	
2		16	15
11	8		6
	13	4	10
1 3 7 9			

	1	16	15
14	13		3
11		9	6
7	12	5	
2 4 8 10			

4

1	2	15	16
8	9		
12		10	
13			14

13	3		
12	10		
1	15	2	16
8	6	11	9
4 5 7 14			

		6	7
		15	2
5	8	10	11
4	13	3	14
1 9 12 16			

3	14	4	13
6	7	9	12
15	2		
10	11		
1 5 8 16			

16	15	1	2
4	3	13	14
		8	11
		12	7
5 6 9 10			

1	3	14	16
6	9		
12		11	
15			13

1			16
12	13	4	5
15	8	9	2
	10	7	

3 6 11 14

	12	5	
3	1	16	14
10	6	11	7
8			9

2 4 13 15

	1	16	14
13	15	4	
8	6	9	
	12	5	7

2 3 10 11

4	5	16	
	10	3	8
	7	14	11
15	12	1	

2 6 9 13

6

1	3	14	16
6	9		
12		11	
15			13

2	14	7	11
4			9
	3	10	
15	1	12	6
5 8 13 16			

16		9	5
14	2		7
1	15		12
3		8	10
4 6 11 13			

1	14		16
15		8	2
12		13	5
6	7		11
3 4 9 10			

9	15	2	8
	1	16	
7			10
4	12	5	13
3 6 11 14			

7

1	3	14	16
6	9		
12		11	
15			13

14	1	16	
11		9	8
2	15		13
	12	5	10

3 4 6 7

	5	16	4
11	7		2
8		3	13
6	12	1	

9 10 14 15

2	7	14	
13		3	8
4	5		9
	12	1	6

10 11 15 16

16	9	4	
1		15	12
14	11		7
	8	13	10

2 3 5 6

8

1	3	14	16
6	9		
12		11	
15			13

		14	16
		4	2
12	8	9	5
6	10	7	11
1 3 13 15			

13	15	2	4
3	1	16	14
10	6		
8	12		
5 7 9 11			

15	8	9	2
1	3	16	14
		5	7
		4	11
6 10 12 13			

16	9		
14	2		
1	15	6	12
3	8	13	10
4 5 7 11			

1	3	14	16
8	9		
10		11	
15			13

1		14	16
15	13		2
10	6	11	
	12	5	9

3 4 7 8

13	15		4
3		16	14
	8	9	5
6	10	7	

1 2 11 12

	2	7	11
16	4	5	
1	15		8
3		12	6

9 10 13 14

10	8	1	
	6	3	13
7		14	2
5	9		4

11 12 15 16

10

1	3	14	16
8	9		
10		11	
15			13

	11	14	2
5	9	16	
12	6	3	
	8	1	15

4　7　10　13

16	4	5	
	2	7	11
	15	10	8
3	13	12	

1　6　9　14

	14	3	
10	11	6	7
15	4	13	2
8			9

1　5　12　16

13			4
12	9	8	5
3	16	1	14
	7	10	

2　6　11　15

1	3	14	16
8	9		
10		11	
15			13

14	7	2	11
	10	15	
16			9
3	12	13	6

1 4 5 8

10	1	8	15
7			2
	3	6	
5	16	9	4

11 12 13 14

7		11	2
12	3		13
5	16		4
10		8	15

1 6 9 14

16	5		9
1		15	8
14		2	11
3	12		6

4 7 10 13

12

1	3	14	16
8	9		
10		11	
15			13

		3	16
15	11	6	2
10	4	13	7
		12	9
1 5 8 14			

13	7	10	4
12	9	8	5
	16	1	
	2	15	
3 6 11 14			

	11	14	
	6	3	
5	9	16	4
15	8	1	10
2 7 12 13			

16	5		
14	2	7	11
1	15	10	8
3	12		
4 6 9 13			

1	3	14	16
8	7		
12		11	
13			15

	16	3	14
12	7	10	
13	2	15	
	9	6	11
1 4 5 8			

1			14
8	11	6	9
13	2	15	4
	5	10	
3 7 12 16			

	12	5	
16	1	14	3
9	8	11	6
2			15
4 7 10 13			

3	16	1	
	7	12	5
	2	13	4
6	9	8	
10 11 14 15			

14

1	3	14	16
8	7		
12		11	
13			15

11	8	9	6
16			3
	12	7	
2	13	4	15

1　5　10　14

8		6	11
1	14		16
12	7		5
13		15	2

3　4　9　10

3	16		14
6		8	9
15		13	4
10	5		7

1　2　11　12

12	5	10	7
	14	3	
8			9
13	4	15	2

1　6　11　16

15

1	3	14	16
8	7		
12		11	
13			15

1	3	16	
13		2	4
12	10		5
	6	9	11

7 8 14 15

	3	16	14
13	15		4
8		11	9
12	10	5	

1 2 6 7

15	13	4	
3		14	16
6	8		9
	12	5	7

1 2 10 11

	1	16	14
15	13		4
10		7	5
6	8	9	

2 3 11 12

16

1	3	14	16
8	7		
12		11	
13			15

15	13	4	2
3			16
10			5
6	8	9	11
1 7 12 14			

13	15	4	2
1			16
12			5
8	6	9	11
3 7 10 14			

3	1	16	14
15			4
6			9
10	12	5	7
2 8 11 13			

13	15	4	2
1			16
8			9
12	10	5	7
3 6 11 14			

1	4	13	16
6	8		
12		11	
15			14

1	16	4	13
		7	10
		14	3
12	5	9	
2 6 8 11 15			

1	13	4	
15	8	9	2
12			5
6			11
3 7 10 14 16			

	13	16	4
12	8		
6	10		
15	3	2	14
1 5 7 9 11			

1			4
12			5
6	7	10	11
	2	3	14
8 9 13 15 16			

18

1	4	13	16
6	8		
12		11	
15			14

11	6	10	
16			4
5	12	8	9
2			14

1 3 7 13 15

15	14	3	2
1		13	
6		10	
	9	8	5

4 7 11 12 16

13	16	1	
	2		14
	5		9
10	11	6	7

3 4 8 12 15

14			3
4	1	16	13
7			10
	12	5	8

2 6 9 11 15

19

1	4	13	16
6	8		
12		11	
15			14

	10	11	
15	3	2	14
	13	16	
12		5	9
1 4 6 7 8			

16	4		13
	9	12	
11	7	6	10
	14	15	
1 2 3 5 8			

	7		10
2	14	15	3
16	4	1	
	9		8
5 6 11 12 13			

6		7	
	16	4	13
12	5	9	8
15		14	
1 2 3 10 11			

20

1	4	13	16
6	8		
12		11	
15			14

16	1	13	4
11			7
2			14
5	12	8	

3　6　9　10　15

	5	12	9
13			16
3			2
10	11	6	7

1　4　8　14　15

1	4	16	13
15			3
6			10
	9	5	8

2　7　11　12　14

1	4	13	
12			5
15			2
6	7	10	11

3　8　9　14　16

21

1	4	13	16
6	9		
12		10	
15			14

1		13	4
	11		7
12		8	9
15	2	3	
5　6　10　14　16			

	13	16	4
6	10		11
12		9	
15	3		14
1　2　5　7　8			

14	15		2
4		13	
9	12		5
	6	10	11
1　3　7　8　16			

15	3	14	
6		7	11
	13		16
12		9	5
1　2　4　8　10			

22

1	4	13	16
6	9		
12		10	
15			14

4	16		13
9	5		
14		15	3
	11	6	10
1 2 7 8 12			

8	12	5	
13	1		4
		11	7
3		2	14
6 9 10 15 16			

12	5		9
15	2		
1		13	4
	11	10	7
3 6 8 14 16			

	4	1	16
10		6	11
8	9		
3	14		2
5 7 12 13 15			

1	4	13	16
6	9		
12		10	
15			14

	9		5
	14		2
13		1	16
10	7	6	11

3 4 8 12 15

15	14	2	3
1	4		
12		5	8
6	7		

9 10 11 13 16

16	13	1	4
2		15	14
	10		7
	8		9

3 5 6 11 12

10		11	
13		4	
3	15		2
8	12	5	9

1 6 7 14 16

24

1	4	13	16
6	9		
12		10	
15			14

	4	13	16
15		3	2
12	9	8	
6	7		

1 5 10 11 14

1	16		
6	9	8	
12		10	5
	2	3	14

4 7 11 13 15

15	8	9	
6	10		11
	13	4	16
		14	5

1 2 3 7 12

		16	4
	12	5	14
8	15		9
10	6	11	

1 2 3 7 13

1	4	13	16
7	8		
12		10	
14			15

1	4	16	13
14		3	2
	6		11
12		5	
7 8 9 10 15			

1		13	
	10		6
12		8	9
14	3	2	15
4 5 7 11 16			

1	4	13	16
12	15		5
14		8	
	6		10
2 3 7 9 11			

	12		9
13		16	
11	7		6
2	14	3	15
1 4 5 8 10			

26

1	4	13	16
7	8		
12		10	
14			15

14	15	3	2
	4	16	
12	9		8
	6	10	

1 5 7 11 13

15		2	
4	1		16
9	12	8	5
6		11	

3 7 10 13 14

	1	13	
15	14		3
	7	11	
9	12	8	5

2 4 6 10 16

	8		9
1		16	4
14	2	3	15
	11		6

5 7 10 12 13

1	4	13	16
7	8		
12		10	
14			15

		4	16
	12		5
11		6	10
2	14	15	3

1 7 8 9 13

8	12		
13		4	
2	14		3
11	7	6	10

1 5 9 15 16

12	9	8	5
7	6		10
1		13	
14	15		

2 3 4 11 16

13	16	1	4
2		14	15
	5		9
		7	6

3 8 10 11 12

28

1	4	13	16
7	8		
12		10	
14			15

13	1	16	
11		10	6
2			15
	14	3	9

4 5 7 8 12

	15	2	5
1	4		16
14			3
7	6	11	

8 9 10 12 13

	16	4	13
7			11
14		15	2
12	5	9	

1 3 6 8 10

1	13	16	
12			9
7	11		6
	2	3	15

4 5 8 10 14

29

1	4	13	16
8	7		
10		12	
15			14

1		4	16
		5	2
8	3		
10	6		7

9 11 12
13 14 15

1	16		13
10	7		
		14	3
8		5	12

2 4 6
9 11 15

1	13		4
8	12		
		7	11
15		2	14

3 5 6
9 10 16

12		2	5
		16	4
6	10		
3	8		14

1 7 9
11 13 15

30

1	4	13	16
8	7		
10		12	
15			14

15		12	2
	4		16
	11		7
8		3	9

1　5　6
10　13　14

13	16	1	4
12			5
	9	8	
6			11

2　3　7
10　14　15

15	14		3
1		16	
8		9	
10	11		6

2　4　5
7　12　13

4			16
	15	3	
11			7
5	8	12	9

1　2　6
10　13　14

31

1	4	13	16
8	7		
10		12	
15			14

14	15	3	2
	1	13	
5			9
	10	6	

4 7 8
11 12 16

	12	9	
1			4
	3	2	
10	6	7	11

5 8 13
14 15 16

13		4	
12	8		9
6	10		7
3		14	

1 2 5
11 15 16

	8		9
13		4	16
3		14	2
	10		7

1 5 6
11 12 15

32

1	4	13	16
8	7		
10		12	
15			14

	11	14	
1	15		8
16			9
13	2	7	

3　4　5
6　10　12

	1	8	
11			14
2		12	7
6	16	9	

3　4　5
10　13　15

	4	1	
12			5
6		10	11
3	14	15	

2　7　8
9　13　16

	6	11	
1	13		4
15			14
8	12	5	

2　3　7
9　10　16

1	4	13	16
8	7		
10		12	
15			14

	13	4	16
8	12		9
15		14	
10	6		

1 2 3
5 7 11

1	4		
15		2	
10	11		6
	5	9	12

3 7 8
13 14 16

		13	4
	7		11
8		12	5
15	2	3	

1 6 9
10 14 16

12	8	9	
13		16	4
	10		11
		2	14

1 3 5
6 7 15

34

1	4	13	16
8	7		
10		12	
15			14

		5	9
		4	16
		11	7
15	3	14	2
1 6 8 10 12 13			

13	16	1	4
3	2	15	14
12			
6			
5 7 8 9 10 11			

7	10		
16	1		
9	8		
2	15	3	14
4 5 6 11 12 13			

16	1	13	4
7	10	6	11
			14
			5
2 3 8 9 12 15			

35

1	4	13	16
8	7		
10		12	
15			14

			6
1	16	4	13
			12
15	2	14	3

5 7 8
9 10 11

10		6	
1		13	
15		3	
8	9	12	5

2 4 7
11 14 16

16	1	4	13
	10		6
	8		12
	15		3

2 5 7
9 11 14

7			
16	1	4	13
2			
9	8	5	12

3 6 10
11 14 15

36

1	4	13	16
8	7		
10		12	
15			14

	14	11	5
16	3		
1		15	8
13		2	

4 6 9
7 10 12

	8		10
2	12		7
		4	14
6	9	16	

1 3 5
11 13 15

13	1	4	
		7	11
12	8		5
	15		2

3 6 9
10 14 16

10		6	
15		3	14
1	16		
	5	12	9

2 4 7
8 11 13

1	4	13	16
8	6		
11		12	
14			15

1	16		13
11	6		7
			2
8	9	5	

3 4 10
12 14 15

1		13	4
11		7	10
8			
	3	2	15

5 6 9
12 14 16

1	4	13	
			3
8	5		9
11	10		6

2 7 12
14 15 16

	11	7	10
16			
9		12	5
3		2	15

1 4 6
8 13 14

38

1	4	13	16
8	6		
11		12	
14			15

	15		3
1		13	16
	10		6
8		12	9

2 4 5
7 11 14

4		1	
5	9		12
15		14	
10	6		7

2 3 8
11 13 16

	14		2
4		16	
	11		7
5	8	9	12

1 3 6
10 13 15

8		9	
	13		4
14		3	
11	7	6	10

1 2 5
12 15 16

1	4	13	16
8	6		
11		12	
14			15

13		1	
7	10		6
	5		9
2		14	3

4 8 11
12 15 16

6	11		7
16		4	
3		15	2
	8		12

1 5 9
10 13 14

14		15	2
	9		12
1	16		13
11		10	

3 4 5
6 7 8

	13		16
10		11	6
15		14	
5	12		9

1 2 3
4 7 8

40

1	4	13	16
8	6		
11		12	
14			15

5	15		4
9		7	
8	11		1
	6	3	

2　10　12
13　14　16

2		16	
	5		10
6		13	3
11	8	1	

4　7　9
12　14　15

	4	16	
14		3	2
	10		7
8		9	12

1　5　6
11　13　15

1		16	4
	12		5
11		6	10
	2	3	

7　8　9
13　14　15

1	4	14	15
5	9		
12		11	
16			13

1			4
	9	6	
5			10
16	2	3	

7 8 11 12
13 14 15

	12	7	6
15			14
	16	13	
8			11

1 2 3
4 5 9 10

5	8		11
16		7	
1		14	
	13		6

2 3 4 9
10 12 15

4		15	
	12		3
	5		10
9		2	7

1 6 8 11
13 14 16

42

1	4	14	15
5	9		
12		11	
16			13

		1	
	11	5	10
9	2	16	
13	6		

3 4 7 8
12 14 15

2	9		
6	13	3	
	4	14	1
		10	

5 7 8 11
12 15 16

		15	4
	11	8	10
12	6	9	
	3		

1 2 5 7
13 14 16

	7		
3	13	16	
	4	1	15
		5	11

2 6 8 9
10 12 14

1	4	14	15
5	9		
12		11	
16			13

11	8	10	
15			
		7	16
	13	3	12
1 2 4 5 6 9 14			

	15	1	14
			10
13	6		
9	2	16	
3 4 5 7 8 11 12			

	1	15	14
		2	7
8			
13	12	6	
3 4 5 9 10 11 16			

11	10	8	
6	3		
			1
	7	9	16
2 4 5 12 13 14 15			

44

1	4	14	15
5	9		
12		11	
16			13

1	14		4
12	9		
			10
16		2	13

3 5 6 7
8 11 15

9		7	6
		4	15
3			
8	5		11

1 2 10 12
13 14 16

4		1	14
			8
7	2		
13	6		3

5 9 10 11
12 15 16

5	8		11
1			
		13	6
16		7	2

3 4 9 10
12 14 15

1	4	14	15
6	8		
11		12	
16			13

1	15	4	
6			9
	2	13	
11			8

3 5 7 10
12 14 16

1			15
	8	10	
16			2
	9	7	12

3 4 5 6
11 13 14

12			7
	1	14	
5			10
2	16	3	

4 6 8 9
11 13 15

	15	14	4
11			10
	9	12	
16			13

1 2 3
5 6 7 8

46

1	4	14	15
6	8		
11		12	
16			13

6	12	9	
	15	14	4
	2	3	13

1 5 7 8
10 11 16

	1	4	14
12	6	7	
5	11	10	

2 3 8 9
13 15 16

	6	7	9
15	1	4	
2	16	13	

3 5 8 10
11 12 14

16	13	3	
	4	14	15
	7	9	12

1 2 5 6
8 10 11

1	4	14	15
6	8		
11		12	
16			13

4	1	15	
13		2	
			8
	6	12	9

3 5 7 10
11 14 16

	16	2	3
	1		14
7			
10	11	5	

4 6 8 9
12 13 15

	13	2	3
			14
11		5	
6	7	12	

1 4 8 9
10 15 16

4	14	1	
7			
	3		2
	8	11	5

6 9 10 12
13 15 16

48

1	4	14	15
6	8		
11		12	
16			13

	8	10	
2			16
	4	14	
12	13		6

1　3　5　7
9　11　15

9		16	7
	5	11	
13			3
	15	1	

2　4　6　8
10　12　14

6		7	
	5		3
1	4		14
11		2	

8　9　10　12
13　15　16

	16		10
12		9	7
13		8	
	1		15

2　3　4　5
6　11　14

1	4	14	15
7	8		
10		12	
16			13

	4	14	
16			2
7		12	9
	11	5	

1 3 6 8
10 13 15

	15	14	
10	8		11
7			6
	2	3	

1 4 5 9
12 13 16

	4	15	
16	13		3
10			5
	6	9	

1 2 7 8
11 12 14

	14	15	
10		8	5
7			12
	3	2	

1 4 6 9
11 13 16

50

1	4	14	15
7	8		
10		12	
16			13

	5	10	
9	12	7	6
			4
2			13

1 3 8 11
14 15 16

12			6
5			
14	15	1	4
	2	16	

3 7 8 9
10 11 13

16	13	3	
		14	15
		5	8
7		12	

1 2 4 6
9 10 11

		1	14
13	16		
6	7		
	10	8	5

2 3 4 9
11 12 15

1	4	14	15
7	8		
10		12	
16			13

8	10	11	
15			14
	16		3
		6	12

1 2 4 5
7 9 13

	8	11	5
1			14
7		6	
16	2		

3 4 9 10
12 13 15

		5	11
	15		4
16			13
7	9	12	

1 2 3 6
8 10 14

15	1		
8		11	
9			12
	16	13	3

2 4 5 6
7 10 14

52

1	4	14	15
7	8		
10		12	
16			13

		14	
	16	3	2
11	10	5	
	7		
1 4 6 8 9 12 13 15			

	10		
15	1	4	
	16	13	3
		12	
2 5 6 7 8 9 11 14			

		13	
	11	5	2
1	14	4	
	6		
3 7 8 9 10 12 15 16			

	16		
3	10	8	
	7	9	12
		15	
1 2 4 5 6 11 13 14			

1	4	14	15
7	9		
10		11	
16			13

		4	
7	12	6	
	3	13	2
	5		

1 8 9 10
11 14 15 16

	14		
	12	9	6
10	5	8	
		2	

1 3 4 7
11 13 15 16

	15		
	8	11	5
16	2	13	
		6	

1 3 4 7
9 10 12 14

		14	
7	9	6	
	8	11	5
	2		

1 3 4 10
12 13 15 16

54

1	4	14	15
7	9		
10		11	
16			13

8		5	11
	1		4
	7		6
			13

2 3 9 10
12 14 15 16

12			
14		15	
5		8	
3	16		13

1 2 4 6
7 9 10 11

7	12	6	9
1			
	5	11	
16			

2 3 4 8
10 13 14 15

			14
	9	7	
			3
11	8	10	5

1 2 4 6
12 13 15 16

1	4	14	15
7	9		
10		11	
16			13

	7		9
	1		15
	16		2
5		11	

3 4 6 8
10 12 13 14

16			
	4	15	14
7			
	11	8	5

1 2 3 6
9 10 12 13

	12		6
1		15	
16		2	
10		8	

3 4 5 7
9 11 13 14

14	1	4	
			9
5	10	11	
			2

3 6 7 8
12 13 15 16

56

1	4	14	15
7	9		
10		11	
16			13

15	1		4
		5	
2	16	3	
		12	

6 7 8 9
10 11 13 14

	5		
	13	16	3
	4		
6		7	9

1 2 8 10
11 12 14 15

10		3	
1		14	
	5	11	2
7			

4 6 8 9
12 13 15 16

	1		14
	10		3
12	7	9	
			11

2 4 5 6
8 13 15 16

1	4	14	15
8	10		
9		11	
16			12

1	4	14	
16	11	5	
9	6		

2 3 7 8
10 12 13 15

	4	15	14
	10	5	3
		12	6

1 2 7 8
9 11 13 16

4	1		
13	8	10	
6	9	7	

2 3 5 11
12 14 15 16

		14	15
	8	11	2
	9	6	12

1 3 4 5
7 10 13 16

58

1	4	14	15
8	10		
9		11	
16			12

15	1		4
	9		12
10	16		5

2　3　6　7
8　11　13　14

9	12		6
	4		14
8	13		11

1　2　3　5
7　10　15　16

14	1		4
	8		13
11	16		5

2　3　6　7
9　10　12　15

9		6	7
16		11	
8		3	10

1　2　4　5
12　13　14　15

1	4	14	15
8	10		
9		11	
16			12

1	14	4	
9			
			2
	3	13	10
5 6 7 8 11 12 15 16			

15	4	14
			6
16			
8	2	13	
1 3 5 7 9 10 11 12			

9	7	6
			4
3			
5	16	2	
1 8 10 11 12 13 14 15			

12	9	6	
15			
			13
	16	3	10
1 2 4 5 7 8 11 14			

60

1	4	14	15
8	10		
9		11	
16			12

	1		
12	9		7
13		11	2
		3	

4 5 6 8
10 14 15 16

		2	
14		15	1
3	5		16
	12		

4 6 7 8
9 10 11 13

		16	
3	10		13
6		9	12
	15		

1 2 4 5
7 8 11 14

	3		
1		4	15
16	11		2
		12	

5 6 7 8
9 10 13 14

1	4	14	15
8	7		
12		10	
13			16

	14	15	
	11	10	5
	7	6	
			16

1 2 3 4
8 9 12 13

	13		12
4	16	5	
14	2	11	

1 3 6 7
8 9 10 15

1			
	16	9	
15	3	6	
	2	7	

4 5 8 10
11 12 13 14

	13	8	
4	16	5	
	3	10	
14			

1 2 6 7
9 11 12 15

62

1	4	14	15
8	7		
12		10	
13			16

1		13	8
14		2	
	9	16	
	6		

3 4 5 7
10 11 12 15

11	8		10
	1		15
	13	16	
		9	

2 3 4 5
6 7 12 14

	16		
	4	15	
8		10	
12		6	7

1 2 3 5
9 11 13 14

		14	
	12	7	
	13		16
10	8		5

1 2 3 4
6 9 11 15

1	4	14	15
8	7		
12		10	
13			16

6		7	
15		14	4
	8		5
			16

1 2 3 9
10 11 12 13

	5		10
12	9		6
1		14	
13			

2 3 4 7
8 11 15 16

			4
	3		16
11		8	5
7		12	

1 2 6 9
10 13 14 15

11			
7		12	
14	15		4
	3		16

1 2 5 6
8 9 10 13

64

1	4	14	15
8	7		
12		10	
13			16

	11		5
	14		4
13		3	
	7		9

1 2 6 8
10 12 15 16

	1		15
11		5	
	12		6
	13		3

2 4 7 8
9 10 14 16

12	7		6
		4	
8	11		10
		16	

1 2 3 5
9 13 14 15

14		15	4
	12		
2		3	16
	8		

1 5 6 7
9 10 11 13

1	4	14	15
8	6		
12		11	
13			16

	12		9
14	1	15	
	8		
		3	16

2 4 5 6
7 10 11 13

8		5	
	15	4	14
		9	
13	3		

1 2 6 7
10 11 12 16

		14	4
	8		
3	13	2	
	12		9

1 5 6 7
10 11 15 16

10	8		
			14
	12	7	9
3		2	

1 4 5 6
11 13 15 16

66

1	4	14	15
8	6		
12		11	
13			16

1	15	14	
			9
	10	11	
13			16

2 3 4 5
6 7 8 12

	8	13	12
14			
	5	16	
15			6

1 2 3 4
7 9 10 11

1			8
	6	3	
			5
14	7	2	

4 9 10 11
12 13 15 16

1			12
	10	3	
4			
	11	2	7

5 6 8 9
13 14 15 16

67

1	4	14	15
8	6		
12		11	
13			16

			8
4		9	
			11
15	3	6	

1 2 5 7 10
12 13 14 16

	14	2	7
5			
	1		12
10			

3 4 6 8 9
11 13 15 16

13		1	
	10		6
			9
	11		7

2 3 4 5 8
12 14 15 16

4		9	
1			
14		7	
	3		10

2 5 6 8 11
12 13 15 16

68

1	4	14	15
8	6		
12		11	
13			16

6			
	11		5
15			
3	2		16

1 4 7 8 9
10 12 13 14

8		5	10
			15
12		9	
			3

1 2 4 6 7
11 13 14 16

14	11		7
1			
	10		6
4			

2 3 5 8 9
12 13 15 16

			16
10		6	
			13
11		7	2

1 3 4 5 8
9 12 14 15

1	4	14	15
8	7		
12		10	
13			16

12			
13	3	2	
	15		4
		11	

1 5 6 7 8
9 10 14 16

			15
	5	8	10
7		12	
	16		

1 2 3 4 6
9 11 13 14

		7	
	5		10
1	4	14	
13			

2 3 6 8 9
11 12 15 16

	15		
2		13	
	6	12	9
			5

1 3 4 7 8
10 11 14 16

70

1	4	14	15
8	7		
12		10	
13			16

16		5	9
		8	
3		10	
2			

1 4 6 7 11
12 13 14 15

13	1		8
	4		
	15		10
			11

2 3 5 6 7
9 12 14 16

			9
	13		12
	2		
15	3		6

1 4 5 7 8
10 11 14 16

16			
13		12	
		7	
3		6	10

1 2 4 5 8
9 11 14 15

1	4	14	15
8	7		
12		10	
13			16

	14	15	
12		6	
8	11	10	

1 2 3 4 5
7 9 13 16

5	16	4	
8		1	
	2	14	

3 6 7 9 10
11 12 13 15

	2	14	7
	3		6
	16	4	

1 5 8 9 10
11 12 13 15

	6	10	
	9		16
	12	8	13

1 2 3 4 5
7 11 14 15

_72_

1	4	14	15
8	7		
12		10	
13			16

		14	
8	10	11	
		7	
13			16

1 2 3 4 5
6 9 12 15

	15		
	1	13	8
	4		
7			11

2 3 5 6 9
10 12 14 16

12			8
		3	
7	14	2	
		16	

1 4 5 6 9
10 11 13 15

15			3
	12		
	9	5	16
	7		

1 2 4 6 8
10 11 13 14

73

1	5	12	16
8	6		
10		13	
15			14

			16
	11	6	2
8		3	9

1 4 5 7 10
12 13 14 15

1			
10	13	4	
15		11	6

2 3 5 7 8
9 12 14 16

1		5	12
10	3	14	
8			

2 4 6 7 9
11 13 15 16

11	15		6
	8	9	3
			13

1 2 4 5 7
10 12 14 16

74

1	5	12	16
8	6		
10		13	
15			14

13	10	7	
16	1		
3	8		

2 4 5 6 9
11 12 14 15

	15	2	11
		12	5
		7	14

1 3 4 6 8
9 10 13 16

		11	6
		4	9
	7	14	3

1 2 5 8 10
12 13 15 16

5	16		
14	3		
4	9	8	

1 2 6 7 10
11 12 13 15

1	5	12	16
8	6		
10		13	
15			14

8	9		13
		5	
	6	11	2

1 3 4 7 10
12 14 15 16

5		1	12
	13		
14	3	10	

2 4 6 7 8
9 11 15 16

1		5	16
	13		
15	6	11	

2 3 4 7 8
9 10 12 14

1	5		12
		3	
	4	13	7

2 6 8 9 10
11 14 15 16

76

1	5	12	16
8	6		
10		13	
15			14

1		16	12
10	14		7
8			

2 3 4 5 6
9 11 13 15

13	10		4
12		16	5
			11

1 2 3 6 7
8 9 14 15

14			
11	15		2
4		7	13

1 3 5 6 8
9 10 12 16

			3
4		13	9
11	15		6

1 2 5 7 8
10 12 14 16

1	5	12	16
8	9		
10		11	
15			13

	14		
1	5	12	
		13	
		2	6

3 4 7 8 9
10 11 15 16

		16	
	10	3	7
	15		
4	8		

1 2 5 6 9
11 12 13 14

	4		
15	11		
	5	12	16
			3

1 2 6 7 8
9 10 13 14

		16	
		3	7
4	8	13	
11			

1 2 5 6 9
10 12 14 15

78

1	5	12	16
8	9		
10		11	
15			13

1		5	16
15			
	6		7
8			

2 3 4 9 10
11 12 13 14

1	16		12
			9
10		14	
			6

2 3 4 5 7
8 11 13 15

1			
	6		7
15			
8		4	13

2 3 5 9 10
11 12 14 16

			4
12		16	
			14
6	10		11

1 2 3 5 7
8 9 13 15

1	5	12	16
8	9		
10		11	
15			13

		9	4
16	1		
2	15		
	10		

3 5 6 7 8
11 12 13 14

		7	
		12	5
		13	4
3	15		

1 2 6 8 9
10 11 14 16

1	5		
		6	7
		13	2
		3	

4 8 9 10 11
12 14 15 16

		16	12
10	14		
8	4		
	11		

1 2 3 5 6
7 9 13 15

80

1	5	12	16
8	9		
10		11	
15			13

		16	
	14		2
10		6	7
	4		

1 3 5 8 9
11 12 13 15

		2	
3		8	
12	16		5
		10	

1 4 6 7 9
11 13 14 15

	10		
5		12	16
	15		2
		9	

1 3 4 6 7
8 11 13 14

		10	
9	13		4
16		1	
	2		

3 5 6 7 8
11 12 14 15

81

1	5	12	16
8			
11			
14			

※斜線部分は一部、一定に決まらないものもある、という意味

	15	10	5
		14	1
		7	16

2 3 4 6 8
9 11 12 13

15	4		
6	13		
2	9	16	

1 3 5 7 8
10 11 12 14

4	15	10	
8	11		
13	6		

1 2 3 5 7
9 12 14 16

		5	10
		16	7
	13	12	3

1 2 4 6 8
9 11 14 15

82

1	5	12	16
8			
11			
14			

6	12	13	
15	5		
		9	7

1 2 3 4 8
10 11 14 16

	7	2	16
		11	1
13	3		

4 5 6 8 9
10 12 14 15

		15	5
13	3		
8	14	11	

1 2 4 6 7
9 10 12 16

11	1		
		9	7
5	4	10	

2 3 6 8 12
13 14 15 16

1	5	12	16
8			
11			
14			

	7	2	
	6		
8	11		1
			5

3 4 9 10 12
13 14 15 16

	1	8	
		9	
10		4	15
6			

2 3 5 7 11
12 13 14 16

			5
13	3		12
	14		
	2	7	

1 4 6 8 9
10 11 15 16

11			
10		5	15
		16	
	13	12	

1 2 3 4 6
7 8 9 14

84

1	6	11	16
7	5		
12		13	
14			15

1		11	
		2	10
14	4	13	

3 5 6 7 8
9 12 15 16

	7		2
6	1		
	12	5	8

3 4 9 10 11
13 14 15 16

7	10	4	
		15	2
14		9	

1 3 5 6 8
11 12 13 16

	15	2	5
14	9		
	4		10

1 3 6 7 8
11 12 13 16

85

1	6	11	16
7	5		
12		13	
14			15

	16		
		13	
	3	8	9
		2	15

1 4 5 6 7
10 11 12 14

	1		6
3	14	8	
5	12		

2 4 7 9 10
11 13 15 16

		2	5
	6	11	16
		13	
	9		

1 3 4 7 8
10 12 14 15

6	1		
15	12	5	
	14		
		10	

2 3 4 7 8
9 11 13 16

86

1	6	11	16
7	5		
12		13	
14			15

	12	5	2
6		16	11
	10		

1 3 4 7 8
9 13 14 15

7	10		
1	16	11	
12			
		3	

2 4 5 6 8
9 13 14 15

	6		
		13	
14	9	8	
	15	2	

1 3 4 5 7
10 11 12 16

	1		
5	12		2
3	14	9	

4 6 7 8 10
11 13 15 16

1	6	11	16
7	5		
12		13	
14			15

	16	6	
	3		8
	5	15	2

1 4 7 9 10
11 12 13 14

		7	13
5		2	
3	14	8	

1 4 6 9 10
11 12 15 16

	4	15	9
	13		3
	12	7	

1 2 5 6 8
10 11 14 16

13	16	3	
4		9	
	11	8	

1 2 5 6 7
10 12 14 15

88

1	6	11	16
7	8		
12		10	
14			15

1		6	
	13		3
	2		
12			5

4 7 8 9 10
11 14 15 16

	14		4
11		16	
		5	
2			15

1 3 6 7 8
9 10 12 13

1			11
	15		
	4		13
14		3	

2 5 6 7 8
9 10 12 16

1			16
		9	
12		15	
	13		10

2 3 4 5 6
7 8 11 14

1	6	11	16
7	8		
12		10	
14			15

	11		
			9
	13	10	4
12			15

1 2 3 5 6
7 8 14 16

			5
6		11	
		8	
	7	13	10

1 2 3 4 9
12 14 15 16

12			
	13		10
	11		
14	8	9	

1 2 3 4 5
6 7 15 16

6			11
9	3	14	
15			
		7	

1 2 4 5 8
10 12 13 16

90

1	6	11	16
7	8		
12		10	
14			15

			9
	1	16	
13			
2	12	5	

3 4 6 7 8
10 11 14 15

14			
	11	16	
			15
	13	10	4

1 2 3 5
6 7 8 9 12

11	1	6	
8			
	7	4	
			5

2 3 9 10 12
13 14 15 16

	14	9	3
			16
	12	15	
13			

1 2 4 5 6
7 8 10 11

1	6	11	16
7	8		
12		10	
14			15

1	6		11
			8
7	4		13

2 3 5 9 10
12 14 15 16

6	1	11	
4		13	
9		8	

2 3 5 7 10
12 14 15 16

6		4	9
1			
16		13	3

2 5 7 8 10
11 12 14 15

	3	16	2
	9		15
	14		7

1 4 5 6 8
10 11 12 13

92

1	6	11	16
7	5		
12		13	
13			15

	13	4	10
	2		3
		9	5
1　6　7　8　11 12　14　15　16			

11	1		16
8		5	
2	14		
3　4　6　7　9 10　12　13　15			

12	8	9	
14		15	
7	13		
1　2　3　4　5 6　10　11　16			

	11	6	16
	13		10
		9	5
1　2　3　4　7 8　12　14　15			

1	6	11	16
7	5		
12		13	
13			15

11		16	6
	14		15
13	7		

1 2 3 4 5
8 9 10 12

2	3		15
11		1	
		12	9

4 5 6 7 8
10 13 14 16

1	6		
	4		10
12		8	5

2 3 7 9 11
13 14 15 16

		14	15
8		12	
13	10		4

1 2 3 5 6
7 9 11 16

94

1	6	11	16
7	5		
12		13	
13			15

			16
14	15	2	
7	4	13	

1 3 5 6 8
9 10 11 12

12			
	6		16
	4		10
	15		3

1 2 5 7 8
9 11 13 14

11			
	5	12	9
	10	7	4

1 2 3 6 8
13 14 15 16

8		5	
11		16	
13		10	
			15

1 2 3 4 6
7 9 12 14

1	6	11	16
8	7		
10		12	
15			14

1	6	11	
8	12	5	
	3		

2 4 7 9 10
13 14 15 16

8	14		
10	4	7	
15	5		

1 2 3 6 9
11 12 13 16

		2	5
	13	7	4
		9	14

1 3 6 8 10
11 12 15 16

	1		
4	10	7	
5	8	9	

2 3 6 11 12
13 14 15 16

96

1	6	11	16
8	7		
10		12	
15			14

11		16	6
	8	9	12
			3

1 2 4 5 7
10 13 14 15

15	14		2
10	4	13	
1			

3 5 6 7 8
9 11 12 16

			16
	15	12	2
4		13	7

1 3 5 6 8
9 10 11 14

1			
8	9	3	
15	2		5

4 6 7 10 11
12 13 14 16

1	6	11	16
8	7		
10		12	
15			14

7		4	13
2		5	
9	8		

1 3 6 10 11
12 14 15 16

16	1		6
	8		3
		5	12

2 4 7 9 10
11 13 14 15

8	9		
15		5	
1		11	6

2 3 4 7 10
12 13 14 16

		1	16
	13		7
14	3		9

2 4 5 6 8
10 11 12 15

98

1	6	11	16
8	7		
10		12	
15			14

		15	12
	13		9
	3	10	
	16		

1 2 4 5 6
7 8 11 14

13	4		
2		12	
	11	6	1

3 5 7 8 9
10 14 15 16

16	4	5	
	15		8
		7	14

1 2 3 6 9
10 11 12 13

4	16		
13			3
	11	14	
			8

1 2 5 6 7
9 10 12 15

1	6	11	16
8	4		
12		14	
13			15

1	6		16
8		2	
	3		5

4 7 9 10 11
12 13 14 15

		16	11
12	15		2
13		4	

1 3 5 6 7
8 9 10 14

1		16	6
	14		3
13		4	

2 5 7 8 9
10 11 12 15

1	11		
12		3	5
	7		4

2 6 8 9 10
13 14 15 16

100

1	6	11	16
8	4		
12		14	
13			15

			2
		16	11
	13	4	
		5	14

1 3 6 7 8
9 10 12 15

3			
6	16		
		9	8
10	4		

1 2 5 7 11
12 13 14 15

8	15		
13	10		
	6	11	
12			

1 2 3 4 5
7 9 14 16

		16	11
		5	14
	8	9	
			7

1 2 3 4 6
10 12 13 15

1	6	11	16
8	4		
12		14	
13			15

	12	2	5
6			
	8	14	
10			

1 3 4 7 9
11 13 15 16

			10
	16	11	
			15
8	9	14	

1 2 3 4 5
6 7 12 13

16		6	
	13		7
	8		14
			2

1 3 4 5 9
10 11 12 15

			7
	1		11
	12		2
9		3	

4 5 6 8 10
13 14 15 16

102

1	6	11	16
8	4		
12		14	
13			15

12	15		
		16	
	3		14
13		4	

1 2 5 6 7
8 9 10 11

		11	16
	12		
10		7	
	8		9

1 2 3 4 5
6 13 14 15

6		1	
	2		4
		12	
3	9		

5 7 8 10 11
13 14 15 16

	10		12
9		14	
	6		
		4	13

1 2 3 5 7
8 11 15 16

1	6	11	16
8	9		
12		10	
13			14

	11		16
12			
8		15	9
	7		

1 2 3 4 5
6 10 13 14

1		6	
			7
12	5		2
		3	

4 8 9 10 11
13 14 15 16

	16		
13		7	10
8			
	5		15

1 2 3 4 6
9 11 12 14

		11	
13	10		4
			5
8		2	

1 3 6 7 9
12 14 15 16

104

1	6	11	16
8	9		
12		10	
13			14

15			
	1	16	
		4	7
3	8		

2 5 6 9 10
11 12 13 14

			7
	1	16	
15	8		
		5	14

2 3 4 6 9
10 11 12 13

12	15		
		11	16
	10	7	
8			

1 2 3 4 5
6 9 13 14

		16	11
15	12		
	8	9	
			7

1 2 3 4 5
6 10 13 14

105

1	6	11	16
8	9		
12		10	
13			14

	2		5
3		8	
6	11		16

1 4 7 9 10
12 13 14 15

8		9	
	11		6
12		5	15

1 2 3 4 7
10 13 14 16

14	8		9
7		10	
	12		5

1 2 3 4 6
11 13 15 16

11		6	16
	12		5
7		10	

1 2 3 4 8
9 13 14 15

106

1	6	11	16
8	9		
12		10	
13			14

12		15	2
	9		14
	4		7

1 3 5 6 8
10 11 13 16

6	11		16
10		13	
3		8	

1 2 4 5 7
9 12 14 15

	9		3
	7		10
11		1	6

2 4 5 8 12
13 14 15 16

7	5		12
16			
	14		8
2			

1 3 4 6 9
10 11 13 15

1	6	11	16
8	4		
12		14	
13			15

	11		16
8	14		9
12		15	

1 2 3 4 5
6 7 10 13

12		7	
13	3		4
	15		9

1 2 5 6 8
10 11 14 16

	1		6
7		4	10
2		5	

3 8 9 11 12
13 14 15 16

10		5	
6		16	11
	8		2

1 3 4 7 9
12 13 14 15

108

1	6	11	16
8	4		
12		14	
13			15

			5
		10	4
		6	16
	2	15	

1　3　7　8　9
11　12　13　14

11			
14	8		
2	12		
	13	4	

1　3　5　6　7
9　10　15　16

	6	11	
12	15		
8	3		
13			

1　2　4　5　7
9　10　14　16

	11	6	
		3	4
		10	5
			9

1　2　7　8　12
13　14　15　16

1	6	11	16
8	4		
12		14	
13			15

14		5	
	1		6
	13		10
			15

2 3 4 7 8
9 11 12 16

	13		3
11		16	
2		9	
7			

1 4 5 6 8
10 12 14 15

8			
1		6	
13		10	
	2		5

3 4 7 9 11
12 14 15 16

			6
	8		15
	12		3
7		4	

1 2 5 9 10
11 13 14 16

110

1	6	12	15
7	8		
10		11	
16			14

			15
16		5	2
10		3	8

1 4 6 7 9
11 12 13 14

1			
10	13		3
16	5		11

2 4 6 7 8
9 12 14 15

1		15	6
7		14	4
			11

2 3 5 8 9
10 12 13 16

1	6		12
10	13		3
7			

2 4 5 8 9
11 14 15 16

1	6	12	15
7	8		
10		11	
16			14

11		2	5
6		15	12
13			3

1 4 7 8
9 10 14 16

7	14	9	
16	5		
10	3	8	

1 2 4 6
11 12 13 15

12	6		15
3	13		8
14			9

1 2 4 5
7 10 11 16

	4	7	9
		16	2
	13	10	8

1 3 5 6
11 12 14 15

112

1	6	12	15
7	8		
10		11	
16			14

16	11	2	
1			12
	4	9	
10			

3 5 6 7
8 13 14 15

6		12	15
	16		2
	10		8
		14	

1 3 4 5
7 9 11 13

11			
	1	12	
4			9
13	10	3	

2 5 6 7
8 14 15 16

	5		
10		13	
1		6	
7	14		9

2 3 4 8
11 12 15 16

1	6	12	15
7	8		
10		11	
16			14

	15	1	
4			14
11		16	
		10	3
2 5 6 7 8 9 12 13			

		3	8
12		6	
5			2
		7	14
1 4 9 10 11 13 15 16			

7	11		
	9		5
1			12
	8	13	
2 3 4 6 10 14 15 16			

	14	4	
			15
16	3		2
10		5	
1 6 7 8 9 11 12 13			

114

1	6	12	15
7	9		
10		11	
16			15

6			12
	7		4
11			5
	16	2	

1 3 8 9
10 13 14 15

	16		4
11		14	
8			
	1	12	15

2 3 5 6
7 9 10 13

	12	6	
7			9
	5		2
10			8

1 3 4 11
13 14 15 16

1	15	12	
			14
	8		3
16		5	

2 4 6 7
9 10 11 13

1	6	12	15
7	9		
10		11	
16			15

		12	
7			4
10	3		
	2	5	11

1 6 8 9
13 14 15 16

	15		
10			3
		11	5
7	9	4	

1 2 6 8
12 13 14 16

	7	9	4
12	1		
3			13
		2	

5 6 8 10
11 14 15 16

10	3	8	
		12	6
16			11
	14		

1 2 4 5
7 9 13 15

116

1	6	12	15
7	9		
10		11	
16			15

12		1	
8		10	
9		7	
	11		2

3 4 5 6
13 14 15 16

	10		3
12		6	
5		11	
9		4	

1 2 7 8
13 14 15 16

	2	11	5
7			
	15	6	12
10			

1 3 4 8
9 13 14 16

15			
	10	3	13
2			
	7	14	4

1 5 6 8
9 11 12 16

1	6	12	15
7	9		
10		11	
16			15

8		3	13
		12	6
9			
		5	11

1 2 4 7
10 14 15 16

7	4		9
10	13		
			15
16	11		

1 2 3 5
6 8 12 14

	1		12
4	7		14
13	10		3

2 5 6 8
9 11 15 16

9		14	
2		11	5
8		3	13

1 4 6 7
10 12 15 16

118

1	6	12	15
7	8		
10		11	
16			14

		8	3
	4		5
1		6	
	2		14

7 9 10 11
12 13 15 16

7	4		
16		3	
	12		15
10		11	

1 2 5 6
8 9 13 14

	15		12
11		10	
	9		4
		16	13

1 2 3 5
6 7 8 14

9		16	
	3		13
11		7	
6	12		

1 2 4 5
8 10 14 15

1	6	12	15
7	8		
10		11	
16			14

1			6
	9	4	
10	8		3
	5		

2 7 11 12
13 14 15 16

		12	
10		3	13
	9	14	
16			11

1 2 4 5
6 7 8 15

	8		13
1		12	
	2	5	
	9		4

3 6 7 10
11 14 15 16

15		1	
	4	7	
	13		3
2		16	

5 6 8 9
10 11 12 14

120

1	6	12	15
7	8		
10		11	
16			14

	13		3
2	11	16	
15		1	
9			

4 5 6 7
8 10 12 14

9		14	
	1	6	15
	16		2
			13

3 4 5 7
8 10 11 12

1			
10		8	
7	4	9	
	2		11

3 5 6 12
13 14 15 16

			6
	14		4
	3	8	13
16		2	

1 5 7 9
10 11 12 15

133

1	6	12	15
7	8		
10		11	
16			14

			4
	12		6
	5		
	8	3	13

1 2 7 9 10
11 14 15 16

15			
14		7	
			10
2	11	16	

1 3 4 5 6
8 9 12 13

	7	4	9
	1		
	16		5
			8

2 3 6 10 11
12 13 14 15

13	10	3	
			6
2		11	
4			

1 5 7 8 9
12 14 15 16

122

1	6	12	16
8			
9			
16			

	5	11	
1	12		15
9	4		

2 3 6 7 8
10 13 14 16

		16	2
4		7	14
		15	6

1 3 5 8 9
10 11 12 13

5	8		
13	16		3
	1	15	

2 4 6 7 9
10 11 12 14

		3	2
8		11	10
	4	14	

1 5 6 7 9
12 13 15 16

1	6	12	16
8			
9			
16			

8	11	5	
		12	15
	3	13	
1 2 4 6 7			
9 10 14 16			

		2	
4	7	9	
5		8	
12			
1 3 6 10 11			
13 14 15 16			

	6	12	
8	11		
	14	4	7
1 2 3 5 9			
10 13 15 16			

			11
	7		14
	2	16	3
		1	
4 5 6 8 9			
10 12 13 15			

124

1	6	12	16
8			
9			
16			

			11
	16	2	
		7	4
	1	15	

3 5 6 8 9
10 12 13 14

8		11	
1	12	6	
	14		7

2 3 4 5 9
10 13 15 16

5		8	
	7	9	4
	2		13

1 3 6 10 11
12 14 15 16

	13	3	
1	6		
	11	5	
9			

2 4 7 8 10
12 14 15 16

【解答編】

四方陣制覇脳トレ

1	2	15	16
8	9		
12		10	
13			14

1	**2**	**15**	16
12	14	3	5
13	7	10	4
8	11	6	**9**

2 8 9 15

1

1	2	16	**15**
13	14	4	3
12	7	9	6
8	**11**	**5**	10

1 5 11 15

13	14	3	4
1	**2**	**15**	16
12	7	10	**5**
8	11	6	9

2 5 12 15

2

14	**13**	3	4
2	1	**15**	16
11	8	**10**	5
7	**12**	6	9

10 12 13 15

10	12	5	**7**
15	1	16	2
6	8	9	11
3	13	4	**14**

6 7 14 15

15	1	16	2
6	8	9	**11**
3	13	4	**14**
10	12	5	7

10 11 14 15

13	14	**4**	3
1	**2**	16	15
12	**7**	9	6
8	11	**5**	10

2 4 5 7

2	15	1	16
11	10	8	**5**
14	**3**	**13**	4
7	6	12	9

3 5 11 13

1	2	15	**16**
13	**14**	3	4
12	7	**10**	5
8	11	6	9

8 10 14 16

3

1	16	2	15
12	9	**7**	6
13	**4**	14	3
8	5	11	**10**

1 4 7 10

13	3	**14**	**4**
12	10	**7**	**5**
1	15	2	16
8	6	11	9

4 5 7 14

4

9	**12**	6	7
16	**1**	15	2
5	8	10	11
4	13	3	14

1 9 12 16

14	12	5	**3**
2	**1**	16	15
11	8	**9**	6
7	13	4	10

1 3 7 9

2	1	16	15
14	13	**4**	3
11	**8**	9	6
7	12	5	**10**

2 4 8 10

3	14	4	13
6	7	9	12
15	2	**16**	**1**
10	11	**5**	**8**

1 5 8 16

16	15	1	2
4	3	13	14
5	**10**	8	11
9	**6**	12	7

5 6 9 10

1	3	14	16
6	9		
12		11	
15			13

5

1	3	14	16
12	13	4	5
15	8	9	2
6	10	7	11
3 6 11 14			

13	12	5	4
3	1	16	14
10	6	11	7
8	15	2	9
2 4 13 15			

3	1	16	14
13	15	4	2
8	6	9	11
10	12	5	7
2 3 10 11			

4	5	16	9
13	10	3	8
2	7	14	11
15	12	1	6
2 6 9 13			

6

2	14	7	11
4	16	5	9
13	3	10	8
15	1	12	6
5 8 13 16			

16	4	9	5
14	2	11	7
1	15	6	12
3	13	8	10
4 6 11 13			

1	14	3	16
15	9	8	2
12	4	13	5
6	7	10	11
3 4 9 10			

9	15	2	8
14	1	16	3
7	6	11	10
4	12	5	13
3 6 11 14			

7

14	1	16	3
11	6	9	8
2	15	4	13
7	12	5	10
3 4 6 7			

9	5	16	4
11	7	14	2
8	10	3	13
6	12	1	15
9 10 14 15			

2	7	14	11
13	10	3	8
4	5	16	9
15	12	1	6
10 11 15 16			

16	9	4	5
1	6	15	12
14	11	2	7
3	8	13	10
2 3 5 6			

8

1	3	14	16
15	13	4	2
12	8	9	5
6	10	7	11
1 3 13 15			

13	15	2	4
3	1	16	14
10	6	11	7
8	12	5	9
5 7 9 11			

15	8	9	2
1	3	16	14
12	10	5	7
6	13	4	11
6 10 12 13			

16	9	4	5
14	2	11	7
1	15	6	12
3	8	13	10
4 5 7 11			

1	3	14	16
8	9		
10		11	
15			13

9

1	**3**	14	16
15	13	**4**	2
10	6	11	**7**
8	12	5	9

3 4 7 8

13	15	**2**	4
3	**1**	16	14
12	8	9	5
6	10	7	**11**

1 2 11 12

10

7	11	14	2
5	9	16	**4**
12	6	3	**13**
10	8	1	15

4 7 10 13

16	4	5	**9**
14	2	7	11
1	15	10	8
3	13	12	**6**

1 6 9 14

14	2	7	11
16	4	5	**9**
1	15	**10**	8
3	**13**	12	6

9 10 13 14

10	8	1	**15**
12	6	3	13
7	**11**	14	2
5	9	**16**	4

11 12 15 16

1	14	3	**16**
10	11	6	7
15	4	13	2
8	**5**	**12**	9

1 5 12 16

13	**2**	**15**	4
12	9	8	5
3	16	1	14
6	7	10	**11**

2 6 11 15

11

14	7	2	11
1	10	15	**8**
16	**5**	**4**	9
3	12	13	6

1 4 5 8

10	1	8	15
7	**14**	**11**	2
12	3	6	**13**
5	16	9	4

11 12 13 14

12

1	**14**	3	16
15	11	6	2
10	4	13	7
8	**5**	12	9

1 5 8 14

13	7	10	4
12	9	8	5
3	16	1	**14**
6	2	15	**11**

3 6 11 14

7	**14**	11	2
12	3	**6**	13
5	16	**9**	4
10	**1**	8	15

1 6 9 14

16	5	**4**	9
1	**10**	15	8
14	**7**	2	11
3	12	**13**	6

4 7 10 13

2	11	14	**7**
12	6	3	**13**
5	9	16	4
15	8	1	10

2 7 12 13

16	5	**4**	**9**
14	2	7	11
1	15	10	8
3	12	**13**	**6**

4 6 9 13

1	3	14	16
8	7		
12		11	
13			15

13

1	16	3	14
12	7	10	5
13	2	15	4
8	9	6	11

1 4 5 8

1	16	3	14
8	11	6	9
13	2	15	4
12	5	10	7

3 7 12 16

11	8	9	6
16	1	14	3
5	12	7	10
2	13	4	15

1 5 10 14

14

8	9	6	11
1	14	3	16
12	7	10	5
13	4	15	2

3 4 9 10

7	12	5	10
16	1	14	3
9	8	11	6
2	13	4	15

4 7 10 13

3	16	1	14
10	7	12	5
15	2	13	4
6	9	8	11

10 11 14 15

3	16	1	14
6	11	8	9
15	2	13	4
10	5	12	7

1 2 11 12

12	5	10	7
1	14	3	16
8	11	6	9
13	4	15	2

1 6 11 16

1	3	16	14
13	15	2	4
12	10	7	5
8	6	9	11

7 8 14 15

15

1	3	16	14
13	15	2	4
8	6	11	9
12	10	5	7

1 2 6 7

15	13	4	2
3	1	14	16
10	12	7	5
6	8	9	11

1 7 12 14

16

13	15	4	2
1	3	14	16
12	10	7	5
8	6	9	11

3 7 10 14

15	13	4	2
3	1	14	16
6	8	11	9
10	12	5	7

1 2 10 11

3	1	16	14
15	13	2	4
10	12	7	5
6	8	9	11

2 3 11 12

3	1	16	14
15	13	2	4
6	8	11	9
10	12	5	7

2 8 11 13

13	15	4	2
1	3	14	16
8	6	11	9
12	10	5	7

3 6 11 14

1	4	13	16
6	8		
12		11	
15			14

1	16	4	13
6	**11**	7	10
15	**2**	14	3
12	5	9	**8**

2 6 8 11 15

17

1	13	4	**16**
15	8	9	2
12	**3**	**14**	5
6	**10**	**7**	11

3 7 10 14 16

11	6	10	**7**
16	**1**	**13**	4
5	12	8	9
2	**15**	**3**	14

1 3 7 13 15

18

15	14	3	2
1	**4**	13	**16**
6	**7**	10	**11**
12	9	8	5

4 7 11 12 16

1	13	16	4
12	8	**5**	**9**
6	10	**11**	**7**
15	3	2	14

1 5 7 9 11

1	**16**	**13**	4
12	**9**	**8**	5
6	7	10	11
15	2	3	14

8 9 13 15 16

13	16	1	**4**
3	2	**15**	14
8	5	**12**	9
10	11	6	7

3 4 8 12 15

14	**15**	**2**	3
4	1	16	13
7	**6**	**11**	10
9	12	5	8

2 6 9 11 15

6	10	11	**7**
15	3	2	14
1	13	16	**4**
12	**8**	5	9

1 4 6 7 8

19

16	4	**1**	13
5	9	12	**8**
11	7	6	10
2	14	15	**3**

1 2 3 5 8

16	1	13	4
11	**6**	**10**	7
2	**15**	**3**	14
5	12	8	**9**

3 6 9 10 15

20

8	5	12	9
13	**4**	**1**	16
3	**14**	**15**	2
10	11	6	7

1 4 8 14 15

11	7	**6**	10
2	14	15	3
16	4	1	**13**
5	9	**12**	8

5 6 11 12 13

6	**11**	7	**10**
1	16	4	13
12	5	9	8
15	**2**	14	**3**

1 2 3 10 11

1	4	16	13
15	**14**	**2**	3
6	**7**	**11**	10
12	9	5	8

2 7 11 12 14

1	4	13	**16**
12	**14**	**3**	5
15	**9**	**8**	2
6	7	10	11

3 8 9 14 16

1	4	13	16
6	9		
12		10	
15			14

21

1	16	13	4
6	11	10	7
12	5	8	9
15	2	3	14
5 6 10 14 16			

1	13	16	4
6	10	7	11
12	8	9	5
15	3	2	14
1 2 5 7 8			

14	15	3	2
4	1	13	16
9	12	8	5
7	6	10	11
1 3 7 8 16			

15	3	14	2
6	10	7	11
1	13	4	16
12	8	9	5
1 2 4 8 10			

22

4	16	1	13
9	5	12	8
14	2	15	3
7	11	6	10
1 2 7 8 12			

8	12	5	9
13	1	16	4
10	6	11	7
3	15	2	14
6 9 10 15 16			

12	5	8	9
15	2	3	14
1	16	13	4
6	11	10	7
3 6 8 14 16			

13	4	1	16
10	7	6	11
8	9	12	5
3	14	15	2
5 7 12 13 15			

23

8	9	12	5
3	14	15	2
13	4	1	16
10	7	6	11
3 4 8 12 15			

15	14	2	3
1	4	16	13
12	9	5	8
6	7	11	10
9 10 11 13 16			

16	13	1	4
2	3	15	14
11	10	6	7
5	8	12	9
3 5 6 11 12			

10	6	11	7
13	1	4	16
3	15	14	2
8	12	5	9
1 6 7 14 16			

24

1	4	13	16
15	14	3	2
12	9	8	5
6	7	10	11
1 5 10 11 14			

1	16	13	4
6	9	8	11
12	7	10	5
15	2	3	14
4 7 11 13 15			

15	8	9	2
6	10	7	11
1	13	4	16
12	3	14	5
1 2 3 7 12			

13	1	16	4
3	12	5	14
8	15	2	9
10	6	11	7
1 2 3 7 13			

1	4	13	16
7	8		
12		10	
14			15

25

1	4	16	13
14	**15**	3	2
7	6	**10**	11
12	**9**	5	**8**
7 8 9 10 15			

1	**16**	13	**4**
7	10	**11**	6
12	**5**	8	9
14	3	2	15
4 5 7 11 16			

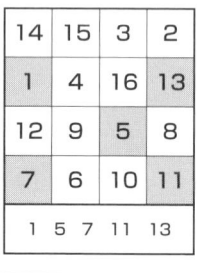

26

14	15	3	2
1	4	16	**13**
12	9	**5**	8
7	6	10	**11**
1 5 7 11 13			

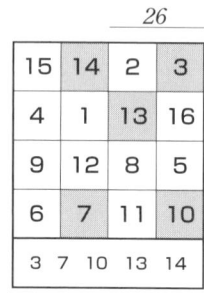

15	**14**	2	**3**
4	1	**13**	16
9	12	8	5
6	**7**	11	**10**
3 7 10 13 14			

1	4	13	16
12	15	**2**	5
14	**9**	8	**3**
7	6	**11**	10
2 3 7 9 11			

8	12	**5**	9
13	**1**	16	**4**
11	7	**10**	6
2	14	3	15
1 4 5 8 10			

4	1	13	**16**
15	14	**2**	3
6	7	11	**10**
9	12	8	5
2 4 6 10 16			

12	8	**5**	9
1	**13**	16	4
14	2	3	15
7	11	**10**	6
5 7 10 12 13			

27

13	**1**	4	16
8	12	**9**	5
11	**7**	6	10
2	14	15	3
1 7 8 9 13			

8	12	**9**	**5**
13	**1**	4	**16**
2	14	**15**	3
11	7	6	10
1 5 9 15 16			

28

13	1	16	**4**
11	**7**	10	6
2	**12**	**5**	15
8	14	3	9
4 5 7 8 12			

12	15	2	5
1	4	**13**	16
14	**9**	**8**	3
7	6	11	**10**
8 9 10 12 13			

12	9	8	5
7	6	**11**	10
1	**4**	13	**16**
14	15	**2**	**3**
2 3 4 11 16			

13	16	1	4
2	**3**	14	15
8	5	**12**	9
11	**10**	7	6
3 8 10 11 12			

1	16	4	13
7	**10**	**6**	11
14	**3**	15	2
12	5	9	**8**
1 3 6 8 10			

1	13	16	**4**
12	**8**	**5**	9
7	11	**10**	6
14	2	3	15
4 5 8 10 14			

1	4	13	16
8	7		
10		12	
15			14

1	13	4	16
15	12	5	2
8	3	14	9
10	6	11	7

9 11 12
13 14 15

29

1	16	4	13
10	7	11	6
15	2	14	3
8	9	5	12

2 4 6
9 11 15

15	5	12	2
1	4	13	16
10	11	6	7
8	14	3	9

1 5 6
10 13 14

30

13	16	1	4
12	2	15	5
3	9	8	14
6	7	10	11

2 3 7
10 14 15

1	13	16	4
8	12	9	5
10	6	7	11
15	3	2	14

3 5 6
9 10 16

12	15	2	5
13	1	16	4
6	10	7	11
3	8	9	14

1 7 9
11 13 15

15	14	2	3
1	4	16	13
8	5	9	12
10	11	7	6

2 4 5
7 12 13

4	1	13	16
14	15	3	2
11	10	6	7
5	8	12	9

1 2 6
10 13 14

14	15	3	2
4	1	13	16
5	8	12	9
11	10	6	7

4 7 8
11 12 16

31

8	12	9	5
1	13	16	4
15	3	2	14
10	6	7	11

5 8 13
14 15 16

4	11	14	5
1	15	10	8
16	6	3	9
13	2	7	12

3 4 5
6 10 12

32

15	1	8	10
11	4	5	14
2	13	12	7
6	16	9	3

3 4 5
10 13 15

13	1	4	16
12	8	5	9
6	10	11	7
3	15	14	2

1 2 5
11 15 16

12	8	5	9
13	1	4	16
3	15	14	2
6	10	11	7

1 5 6
11 12 15

13	4	1	16
12	9	8	5
6	7	10	11
3	14	15	2

2 7 8
9 13 16

10	6	11	7
1	13	16	4
15	3	2	14
8	12	5	9

2 3 7
9 10 16

1	4	13	16
8	7		
10		12	
15			14

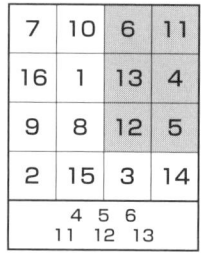

1	13	4	16
8	12	5	9
15	3	14	2
10	6	11	7
1 2 3 5 7 11			

33

1	4	16	13
15	14	2	3
10	11	7	6
8	5	9	12
3 7 8 13 14 16			

8	12	5	9
1	13	4	16
10	6	11	7
15	3	14	2
1 6 8 10 12 13			

34

13	16	1	4
3	2	15	14
12	9	8	5
6	7	10	11
5 7 8 9 10 11			

1	16	13	4
10	7	6	11
8	9	12	5
15	2	3	14
1 6 9 10 14 16			

12	8	9	5
13	1	16	4
6	10	7	11
3	15	2	14
1 3 5 6 7 15			

7	10	6	11
16	1	13	4
9	8	12	5
2	15	3	14
4 5 6 11 12 13			

16	1	13	4
7	10	6	11
2	15	3	14
9	8	12	5
2 3 8 9 12 15			

10	7	11	6
1	16	4	13
8	9	5	12
15	2	14	3
5 7 8 9 10 11			

35

10	7	6	11
1	16	13	4
15	2	3	14
8	9	12	5
2 4 7 11 14 16			

4	14	11	5
16	3	6	9
1	10	15	8
13	7	2	12
4 6 9 7 10 12			

36

15	8	1	10
2	12	13	7
11	5	4	14
6	9	16	3
1 3 5 11 13 15			

16	1	4	13
7	10	11	6
9	8	5	12
2	15	14	3
2 5 7 9 11 14			

7	10	11	6
16	1	4	13
2	15	14	3
9	8	5	12
3 6 10 11 14 15			

13	1	4	16
6	10	7	11
12	8	9	5
3	15	14	2
3 6 9 10 14 16			

10	11	6	7
15	2	3	14
1	16	13	4
8	5	12	9
2 4 7 8 11 13			

1	4	13	16
8	6		
11		12	
14			15

37

1	16	4	13
11	6	10	7
14	3	15	2
8	9	5	12

3 4 10
12 14 15

1	16	13	4
11	6	7	10
8	9	12	5
14	3	2	15

5 6 9
12 14 16

38

14	15	2	3
1	4	13	16
11	10	7	6
8	5	12	9

2 4 5
7 11 14

4	16	1	13
5	9	8	12
15	3	14	2
10	6	11	7

2 3 8
11 13 16

1	4	13	16
14	15	2	3
8	5	12	9
11	10	7	6

2 7 12
14 15 16

6	11	7	10
16	1	13	4
9	8	12	5
3	14	2	15

1 4 6
8 13 14

15	14	3	2
4	1	16	13
10	11	6	7
5	8	9	12

1 3 6
10 13 15

8	12	9	5
1	13	16	4
14	2	3	15
11	7	6	10

1 2 5
12 15 16

39

13	4	1	16
7	10	11	6
12	5	8	9
2	15	14	3

4 8 11
12 15 16

6	11	10	7
16	1	4	13
3	14	15	2
9	8	5	12

1 5 9
10 13 14

40

5	15	10	4
9	2	7	16
8	11	14	1
12	6	3	13

2 10 12
13 14 16

2	9	16	7
15	5	4	10
6	12	13	3
11	8	1	14

4 7 9
12 14 15

14	3	15	2
8	9	5	12
1	16	4	13
11	6	10	7

3 4 5
6 7 8

4	13	1	16
10	7	11	6
15	2	14	3
5	12	8	9

1 2 3
4 7 8

1	4	16	13
14	15	3	2
11	10	6	7
8	5	9	12

1 5 6
11 13 15

1	13	16	4
8	12	9	5
11	7	6	10
14	2	3	15

7 8 9
13 14 15

1	4	14	15
5	9		
12		11	
16			13

1	15	14	4
12	9	6	7
5	8	11	10
16	2	3	13

7 8 11 12
13 14 15

41

9	12	7	6
15	1	4	14
2	16	13	3
8	5	10	11

1 2 3
4 5 9 10

4	15	1	14
8	11	5	10
9	2	16	7
13	6	12	3

3 4 7 8
12 14 15

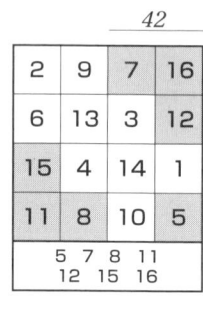

42

2	9	7	16
6	13	3	12
15	4	14	1
11	8	10	5

5 7 8 11
12 15 16

5	8	10	11
16	9	7	2
1	4	14	15
12	13	3	6

2 3 4 9
10 12 15

4	1	15	14
13	12	6	3
8	5	11	10
9	16	2	7

1 6 8 11
13 14 16

1	14	15	4
5	11	8	10
12	6	9	7
16	3	2	13

1 2 5 7
13 14 16

9	7	12	6
3	13	16	2
14	4	1	15
8	10	5	11

2 6 8 9
10 12 14

11	8	10	5
15	4	14	1
2	9	7	16
6	13	3	12

1 2 4
5 6 9 14

43

4	15	1	14
8	11	5	10
13	6	12	3
9	2	16	7

3 4 5 7
8 11 12

1	14	15	4
12	9	6	7
5	8	11	10
16	3	2	13

3 5 6 7
8 11 15

44

9	12	7	6
14	1	4	15
3	16	13	2
8	5	10	11

1 2 10 12
13 14 16

4	1	15	14
9	16	2	7
8	5	11	10
13	12	6	3

3 4 5 9
10 11 16

11	10	8	5
6	3	13	12
15	14	4	1
2	7	9	16

2 4 5 12
13 14 15

4	15	1	14
10	11	5	8
7	2	16	9
13	6	12	3

5 9 10 11
12 15 16

5	8	10	11
1	14	4	15
12	3	13	6
16	9	7	2

3 4 9 10
12 14 15

1	4	14	15
6	8		
11		12	
16			13

45

1	15	4	14
6	12	7	9
16	2	13	3
11	5	10	8

3 5 7 10
12 14 16

1	14	4	15
11	8	10	5
16	3	13	2
6	9	7	12

3 4 5 6
11 13 14

46

6	12	9	7
1	15	14	4
16	2	3	13
11	5	8	10

1 5 7 8
10 11 16

15	1	4	14
12	6	7	9
5	11	10	8
2	16	13	3

2 3 8 9
13 15 16

12	6	9	7
15	1	14	4
5	11	8	10
2	16	3	13

4 6 8 9
11 13 15

1	15	14	4
11	8	5	10
6	9	12	7
16	2	3	13

1 2 3
5 6 7 8

12	6	7	9
15	1	4	14
2	16	13	3
5	11	10	8

3 5 8 10
11 12 14

16	13	3	2
1	4	14	15
6	7	9	12
11	10	8	5

1 2 5 6
8 10 11

47

4	1	15	14
13	16	2	3
10	11	5	8
7	6	12	9

3 5 7 10
11 14 16

13	16	2	3
4	1	15	14
7	6	12	9
10	11	5	8

4 6 8 9
12 13 15

48

5	8	10	11
2	9	7	16
15	4	14	1
12	13	3	6

1 3 5 7
9 11 15

9	2	16	7
8	5	11	10
13	12	6	3
4	15	1	14

2 4 6 8
10 12 14

16	13	2	3
1	4	15	14
11	10	5	8
6	7	12	9

1 4 8 9
10 15 16

4	14	1	15
7	9	6	12
13	3	16	2
10	8	11	5

6 9 10 12
13 15 16

6	12	7	9
16	5	10	3
1	4	15	14
11	13	2	8

8 9 10 12
13 15 16

5	16	3	10
12	6	9	7
13	11	8	2
4	1	14	15

2 3 4 5
6 11 14

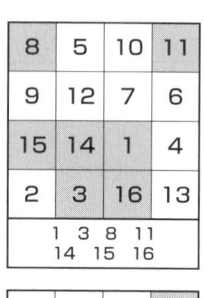

1	4	14	15
7	8		
10		12	
16			13

1	4	14	15
16	13	3	2
7	6	12	9
10	11	5	8

1 3 6 8
10 13 15

49

1	15	14	4
10	8	5	11
7	9	12	6
16	2	3	13

1 4 5 9
12 13 16

8	5	10	11
9	12	7	6
15	14	1	4
2	3	16	13

1 3 8 11
14 15 16

50

12	9	7	6
5	8	10	11
14	15	1	4
3	2	16	13

3 7 8 9
10 11 13

1	4	15	14
16	13	2	3
10	11	8	5
7	6	9	12

1 2 7 8
11 12 14

1	14	15	4
10	11	8	5
7	6	9	12
16	3	2	13

1 4 6 9
11 13 16

16	13	3	2
1	4	14	15
10	11	5	8
7	6	12	9

1 2 4 6
9 10 11

4	1	15	14
13	16	2	3
6	7	9	12
11	10	8	5

2 3 4 9
11 12 15

8	10	11	5
15	1	4	14
2	16	13	3
9	7	6	12

1 2 4 5
7 9 13

51

10	8	11	5
1	15	4	14
7	9	6	12
16	2	13	3

3 4 9 10
12 13 15

4	1	14	15
13	16	3	2
11	10	5	8
6	7	12	9

1 4 6 8
9 12 13 15

52

11	10	5	8
15	1	4	14
2	16	13	3
6	7	12	9

2 5 6 7
8 9 11 14

10	8	5	11
1	15	14	4
16	2	3	13
7	9	12	6

1 2 3 6
8 10 14

15	1	4	14
8	10	11	5
9	7	6	12
2	16	13	3

2 4 5 6
7 10 14

10	3	13	8
16	11	5	2
1	14	4	15
7	6	12	9

3 7 8 9
10 12 15 16

11	16	2	5
3	10	8	13
6	7	9	12
14	1	15	4

1 2 4 5
6 11 13 14

1	4	14	15
7	9		
10		11	
16			13

53

1	14	4	15
7	12	6	9
16	3	13	2
10	5	11	8

1 8 9 10
11 14 15 16

1	14	15	4
7	12	9	6
10	5	8	11
16	3	2	13

1 3 4 7
11 13 15 16

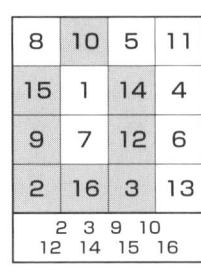

54

8	10	5	11
15	1	14	4
9	7	12	6
2	16	3	13

2 3 9 10
12 14 15 16

12	7	9	6
14	1	15	4
5	10	8	11
3	16	2	13

1 2 4 6
7 9 10 11

1	15	4	14
10	8	11	5
16	2	13	3
7	9	6	12

1 3 4 7
9 10 12 14

1	15	14	4
7	9	6	12
10	8	11	5
16	2	3	13

1 3 4 10
12 13 15 16

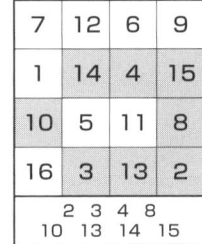

7	12	6	9
1	14	4	15
10	5	11	8
16	3	13	2

2 3 4 8
10 13 14 15

4	15	1	14
6	9	7	12
13	2	16	3
11	8	10	5

1 2 4 6
12 13 15 16

55

12	7	6	9
14	1	4	15
3	16	13	2
5	10	11	8

3 4 6 8
10 12 13 14

16	13	2	3
1	4	15	14
7	6	9	12
10	11	8	5

1 2 3 6
9 10 12 13

56

15	1	14	4
8	10	5	11
2	16	3	13
9	7	12	6

6 7 8 9
10 11 13 14

11	5	10	8
2	13	16	3
15	4	1	14
6	12	7	9

1 2 8 10
11 12 14 15

7	12	9	6
1	14	15	4
16	3	2	13
10	5	8	11

3 4 5 7
9 11 13 14

14	1	4	15
12	7	6	9
5	10	11	8
3	16	13	2

3 6 7 8
12 13 15 16

10	13	3	8
1	4	14	15
16	5	11	2
7	12	6	9

4 6 8 9
12 13 15 16

4	1	15	14
13	10	8	3
12	7	9	6
5	16	2	11

2 4 5 6
8 13 15 16

1	4	14	15
8	10		
9		11	
16			12

1	4	14	15
16	11	5	2
9	6	12	7
8	13	3	10

2 3 7 8
10 12 13 15

57

1	4	15	14
16	10	5	3
9	7	12	6
8	13	2	11

1 2 7 8
9 11 13 16

15	1	14	4
2	8	11	13
7	9	6	12
10	16	3	5

2 3 6 7
8 11 13 14

58

9	12	7	6
1	4	15	14
16	5	10	3
8	13	2	11

1 2 3 5
7 10 15 16

11	16	2	5
4	1	15	14
13	8	10	3
6	9	7	12

2 3 5 11
12 14 15 16

10	16	3	5
4	1	14	15
13	8	11	2
7	9	6	12

1 3 4 5
7 10 13 16

14	1	15	4
3	8	10	13
6	9	7	12
11	16	2	5

2 3 6 7
9 10 12 15

9	12	6	7
1	4	14	15
16	5	11	2
8	13	3	10

1 2 4 5
12 13 14 15

1	14	4	15
9	12	6	7
16	5	11	2
8	3	13	10

5 6 7 8
11 12 15 16

59

1	15	4	14
9	12	7	6
16	5	10	3
8	2	13	11

1 3 5 7
9 10 11 12

4	1	14	15
12	9	6	7
13	8	11	2
5	16	3	10

4 5 6 8
10 14 15 16

60

11	13	2	8
14	4	15	1
3	5	10	16
6	12	7	9

4 6 7 8
9 10 11 13

12	9	7	6
14	1	15	4
3	8	10	13
5	16	2	11

1 8 10 11
12 13 14 15

12	9	6	7
15	1	14	4
2	8	11	13
5	16	3	10

1 2 4 5
7 8 11 14

11	2	16	5
3	10	8	13
6	7	9	12
14	15	1	4

1 2 4 5
7 8 11 14

8	3	13	10
1	14	4	15
16	11	5	2
9	6	12	7

5 6 7 8
9 10 13 14

1	4	14	15
8	7		
12		10	
13			16

61

1	14	15	4
8	11	10	5
12	7	6	9
13	2	3	16

1 2 3 4
8 9 12 13

1	13	8	12
4	16	5	9
14	2	11	7
15	3	10	6

1 3 6 7
8 9 10 15

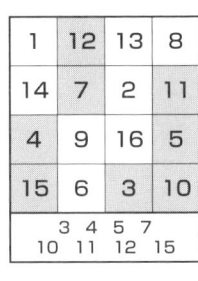

1	12	13	8
14	7	2	11
4	9	16	5
15	6	3	10

3 4 5 7
10 11 12 15

62

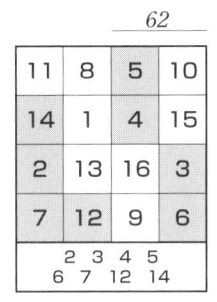

11	8	5	10
14	1	4	15
2	13	16	3
7	12	9	6

2 3 4 5
6 7 12 14

1	13	12	8
4	16	9	5
15	3	6	10
14	2	7	11

4 5 8 10
11 12 13 14

1	13	8	12
4	16	5	9
15	3	10	6
14	2	11	7

1 2 6 7
9 11 12 15

13	16	3	2
1	4	15	14
8	5	10	11
12	9	6	7

1 2 3 5
9 11 13 14

15	1	14	4
6	12	7	9
3	13	2	16
10	8	11	5

1 2 3 4
6 9 11 15

63

6	12	7	9
15	1	14	4
10	8	11	5
3	13	2	16

1 2 3 9
10 11 12 13

8	5	11	10
12	9	7	6
1	4	14	15
13	16	2	3

2 3 4 7
8 11 15 16

8	11	10	5
1	14	15	4
13	2	3	16
12	7	6	9

1 2 6 8
10 12 15 16

64

14	1	4	15
11	8	5	10
7	12	9	6
2	13	16	3

2 4 7 8
9 10 14 16

14	15	1	4
2	3	13	16
11	10	8	5
7	6	12	9

1 2 6 9
10 13 14 15

11	10	8	5
7	6	12	9
14	15	1	4
2	3	13	16

1 2 5 6
8 9 10 13

12	7	9	6
1	14	4	15
8	11	5	10
13	2	16	3

1 2 3 5
9 13 14 15

14	1	15	4
7	12	6	9
2	13	3	16
11	8	10	5

1 5 6 7
9 10 11 13

1	4	14	15
8	6		
12		11	
13			16

65   66

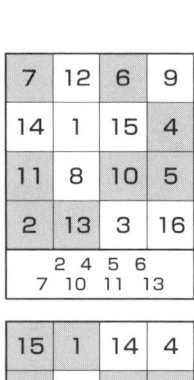
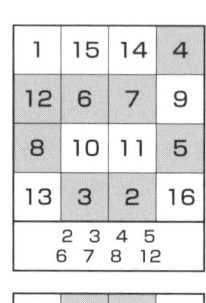
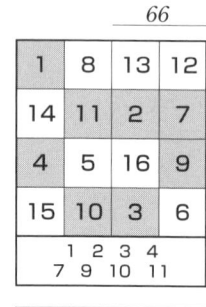

7	12	6	9
14	1	15	4
11	8	10	5
2	13	3	16

2 4 5 6
7 10 11 13

8	10	5	11
1	15	4	14
12	6	9	7
13	3	16	2

1 2 6 7
10 11 12 16

1	15	14	4
12	6	7	9
8	10	11	5
13	3	2	16

2 3 4 5
6 7 8 12

1	8	13	12
14	11	2	7
4	5	16	9
15	10	3	6

1 2 3 4
7 9 10 11

15	1	14	4
10	8	11	5
3	13	2	16
6	12	7	9

1 5 6 7
10 11 15 16

10	8	11	5
15	1	14	4
6	12	7	9
3	13	2	16

1 4 5 6
11 13 15 16

1	12	13	8
15	6	3	10
4	9	16	5
14	7	2	11

4 9 10 11
12 13 15 16

1	8	13	12
15	10	3	6
4	5	16	9
14	11	2	7

5 6 8 9
13 14 15 16

67   68

1	13	12	8
4	16	9	5
14	2	7	11
15	3	6	10

1 2 5 7 10
12 13 14 16

11	14	2	7
5	4	16	9
8	1	13	12
10	15	3	6

3 4 6 8 9
11 13 15 16

6	7	12	9
10	11	8	5
15	14	1	4
3	2	13	16

1 4 7 8 9
10 12 13 14

8	11	5	10
1	14	4	15
12	7	9	6
13	2	16	3

1 2 4 6 7
11 13 14 16

13	8	1	12
3	10	15	6
16	5	4	9
2	11	14	7

2 3 4 5 8
12 14 15 16

4	16	9	5
1	13	12	8
14	2	7	11
15	3	6	10

2 5 6 8 11
12 13 15 16

14	11	2	7
1	8	13	12
15	10	3	6
4	5	16	9

2 3 5 8 9
12 13 15 16

5	4	9	16
10	15	6	3
8	1	12	13
11	14	7	2

1 3 4 5 8
9 12 14 15

1	4	14	15
8	7		
12		10	
13			16

12	6	7	9
13	3	2	16
1	15	14	4
8	10	11	5

1 5 6 7 8
9 10 14 16

69

14	4	1	15
11	5	8	10
7	9	12	6
2	16	13	3

1 2 3 4 6
9 11 13 14

16	4	5	9
13	1	8	12
3	15	10	6
2	14	11	7

1 4 6 7 11
12 13 14 15

70

13	1	12	8
16	4	9	5
3	15	6	10
2	14	7	11

2 3 5 6 7
9 12 14 16

12	9	7	6
8	5	11	10
1	4	14	15
13	16	2	3

2 3 6 8 9
11 12 15 16

14	15	1	4
2	3	13	16
7	6	12	9
11	10	8	5

1 3 4 7 8
10 11 14 16

4	16	5	9
1	13	8	12
14	2	11	7
15	3	10	6

1 4 5 7 8
10 11 14 16

16	4	9	5
13	1	12	8
2	14	7	11
3	15	6	10

1 2 4 5 8
9 11 14 15

1	14	15	4
12	7	6	9
8	11	10	5
13	2	3	16

1 2 3 4 5
7 9 13 16

71

10	3	15	6
5	16	4	9
8	13	1	12
11	2	14	7

3 6 7 9 10
11 12 13 15

1	15	14	4
8	10	11	5
12	6	7	9
13	3	2	16

1 2 3 4 5
6 9 12 15

72

6	15	3	10
12	1	13	8
9	4	16	5
7	14	2	11

2 3 5 6 9
10 12 14 16

8	13	1	12
11	2	14	7
10	3	15	6
5	16	4	9

1 5 8 9 10
11 12 13 15

15	6	10	3
4	9	5	16
1	12	8	13
14	7	11	2

1 2 3 4 5
7 11 14 15

12	1	13	8
6	15	3	10
7	14	2	11
9	4	16	5

1 4 5 6 9
10 11 13 15

15	6	10	3
1	12	8	13
4	9	5	16
14	7	11	2

1 2 4 6 8
10 11 13 14

1	5	12	16
8	6		
10		13	
15			14

1	5	12	16
15	11	6	2
10	4	13	7
8	14	3	9

1 4 5 7 10
12 13 14 15

73

1	16	5	12
10	13	4	7
8	3	14	9
15	2	11	6

2 3 5 7 8
9 12 14 16

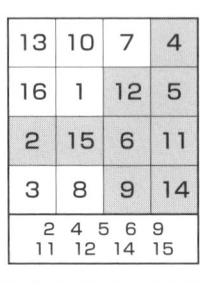

13	10	7	4
16	1	12	5
2	15	6	11
3	8	9	14

2 4 5 6 9
11 12 14 15

74

6	15	2	11
16	1	12	5
9	8	13	4
3	10	7	14

1 3 4 6 8
9 10 13 16

1	16	5	12
15	6	11	2
10	3	14	7
8	9	4	13

2 4 6 7 9
11 13 15 16

11	15	2	6
5	1	16	12
14	8	9	3
4	10	7	13

1 2 4 5 7
10 12 14 16

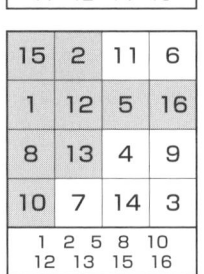

15	2	11	6
1	12	5	16
8	13	4	9
10	7	14	3

1 2 5 8 10
12 13 15 16

5	16	1	12
11	6	15	2
14	3	10	7
4	9	8	13

1 2 6 7 10
11 12 13 15

8	9	4	13
1	12	5	16
15	6	11	2
10	7	14	3

1 3 4 7 10
12 14 15 16

75

5	16	1	12
4	13	8	9
14	3	10	7
11	2	15	6

2 4 6 7 8
9 11 15 16

1	5	16	12
10	14	3	7
15	11	6	2
8	4	9	13

2 3 4 5 6
9 11 13 15

76

13	10	7	4
12	1	16	5
3	8	9	14
6	15	2	11

1 2 3 6 7
8 9 14 15

1	12	5	16
10	13	4	7
15	6	11	2
8	3	14	9

2 3 4 7 8
9 10 12 14

1	5	16	12
8	14	3	9
10	4	13	7
15	11	2	6

2 6 8 9 10
11 14 15 16

14	8	9	3
5	1	12	16
11	15	6	2
4	10	7	13

1 3 5 6 8
9 10 12 16

14	10	7	3
5	1	12	16
4	8	13	9
11	15	2	6

1 2 5 7 8
10 12 14 16

1	5	12	16
8	9		
10		11	
15			13

77

10	14	7	3
1	5	12	16
8	4	13	9
15	11	2	6

3 4 7 8 9
10 11 15 16

5	1	16	12
14	10	3	7
11	15	6	2
4	8	9	13

1 2 5 6 9
11 12 13 14

78

1	12	5	16
15	13	4	2
10	6	11	7
8	3	14	9

2 3 4 9 10
11 12 13 14

1	16	5	12
8	13	4	9
10	3	14	7
15	2	11	6

2 3 4 5 7
8 11 13 15

8	4	9	13
15	11	6	2
1	5	12	16
10	14	7	3

1 2 6 7 8
9 10 13 14

5	1	16	12
14	10	3	7
4	8	13	9
11	15	2	6

1 2 5 6 9
10 12 14 15

1	16	5	12
10	6	11	7
15	3	14	2
8	9	4	13

2 3 5 9 10
11 12 14 16

13	15	2	4
12	1	16	5
3	8	9	14
6	10	7	11

1 2 3 5 7
8 9 13 15

79

13	8	9	4
16	1	12	5
2	15	6	11
3	10	7	14

3 5 6 7 8
11 12 13 14

6	10	7	11
16	1	12	5
9	8	13	4
3	15	2	14

1 2 6 8 9
10 11 14 16

80

1	5	16	12
15	14	3	2
10	11	6	7
8	4	9	13

1 3 5 8 9
11 12 13 15

13	2	15	4
3	9	8	14
12	16	1	5
6	7	10	11

1 4 6 7 9
11 13 14 15

1	5	12	16
10	11	6	7
15	4	13	2
8	14	3	9

4 8 9 10 11
12 14 15 16

1	5	16	12
10	14	3	7
8	4	13	9
15	11	2	6

1 2 3 5 6
7 9 13 15

14	10	7	3
5	1	12	16
11	15	6	2
4	8	9	13

1 3 4 6 7
8 11 13 14

6	7	10	11
9	13	8	4
16	12	1	5
3	2	15	14

3 5 6 7 8
11 12 14 15

1	5	12	16
8			
11			
14			

4	15	10	5
8	11	14	1
9	2	7	16
13	6	3	12

2 3 4 6 8
9 11 12 13

81

11	8	1	14
15	4	5	10
6	13	12	3
2	9	16	7

1 3 5 7 8
10 11 12 14

11	1	8	14
6	12	13	3
15	5	4	10
2	16	9	7

1 2 3 4 8
10 11 14 16

82

4	10	15	5
9	7	2	16
8	14	11	1
13	3	6	12

4 5 6 8 9
10 12 14 15

4	15	10	5
8	11	14	1
13	6	3	12
9	2	7	16

1 2 3 5 7
9 12 14 16

11	8	1	14
15	4	5	10
2	9	16	7
6	13	12	3

1 2 4 6 8
9 11 14 15

4	10	15	5
13	3	6	12
8	14	11	1
9	7	2	16

1 2 4 6 7
9 10 12 16

11	1	8	14
2	16	9	7
15	5	4	10
6	12	13	3

2 3 6 8 12
13 14 15 16

9	7	2	16
13	6	3	12
8	11	14	1
4	10	15	5

3 4 9 10 12
13 14 15 16

83

11	1	8	14
7	16	9	2
10	5	4	15
6	12	13	3

2 3 5 7 11
12 13 14 16

4	15	10	5
13	3	6	12
8	14	11	1
9	2	7	16

1 4 6 8 9
10 11 15 16

11	8	1	14
10	4	5	15
7	9	16	2
6	13	12	3

1 2 3 4 6
7 8 9 14

1	6	11	16
7	5		
12		13	
14			15

1	6	11	16
7	15	2	10
14	4	13	3
12	9	8	5

3 5 6 7 8
9 12 15 16

84

15	7	10	2
6	1	16	11
9	12	5	8
4	14	3	13

3 4 9 10 11
13 14 15 16

1	16	11	6
7	10	13	4
14	3	8	9
12	5	2	15

1 4 5 6 7
10 11 12 14

85

10	7	13	4
16	1	11	6
3	14	8	9
5	12	2	15

2 4 7 9 10
11 13 15 16

1	16	6	11
7	10	4	13
12	5	15	2
14	3	9	8

1 3 5 6 8
11 12 13 16

1	6	11	16
12	15	2	5
14	9	8	3
7	4	13	10

1 3 6 7 8
11 12 13 16

12	15	2	5
1	6	11	16
7	4	13	10
14	9	8	3

1 3 4 7 8
10 12 14 15

6	1	16	11
15	12	5	2
9	14	3	8
4	7	10	13

2 3 4 7 8
9 11 13 16

15	12	5	2
6	1	16	11
4	7	10	13
9	14	3	8

1 3 4 7 8
9 13 14 15

86

7	10	13	4
1	16	11	6
12	5	2	15
14	3	8	9

2 4 5 6 8
9 13 14 15

7	10	4	13
1	16	6	11
14	3	9	8
12	5	15	2

1 4 7 9 10
11 12 13 14

87

16	1	11	6
10	7	13	4
5	12	2	15
3	14	8	9

1 4 6 9 10
11 12 15 16

16	1	6	11
10	7	4	13
3	14	9	8
5	12	15	2

1 3 4 5 7
10 11 12 16

10	7	4	13
16	1	6	11
5	12	15	2
3	14	9	8

4 6 7 8 10
11 13 15 16

6	4	15	9
16	13	2	3
1	12	7	14
11	5	10	8

1 2 5 6 8
10 11 14 16

13	16	3	2
4	6	9	15
5	11	8	10
12	1	14	7

1 2 5 6 7
10 12 14 15

1	6	11	16
7	8		
12		10	
14			15

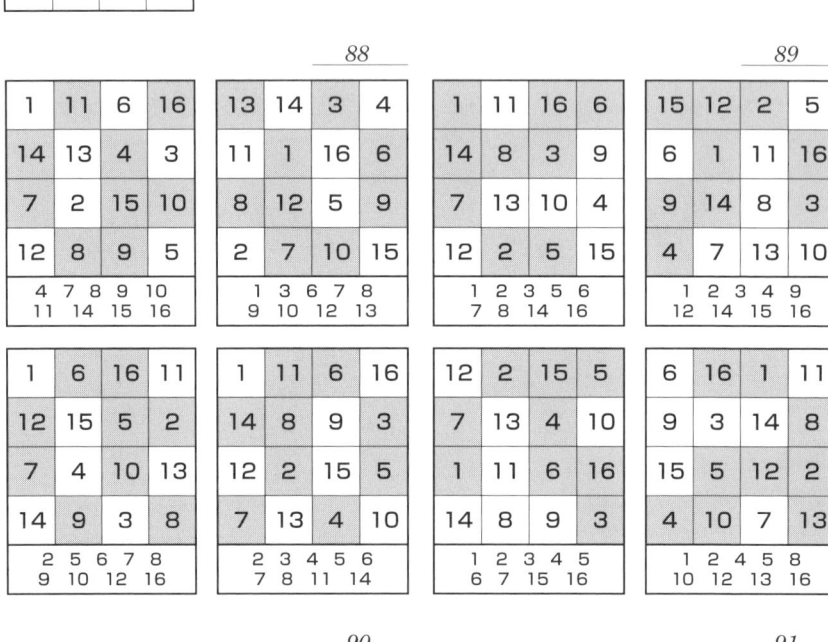

88

1	11	6	16
14	13	4	3
7	2	15	10
12	8	9	5

4 7 8 9 10
11 14 15 16

13	14	3	4
11	1	16	6
8	12	5	9
2	7	10	15

1 3 6 7 8
9 10 12 13

89

1	11	16	6
14	8	3	9
7	13	10	4
12	2	5	15

1 2 3 5 6
7 8 14 16

15	12	2	5
6	1	11	16
9	14	8	3
4	7	13	10

1 2 3 4 9
12 14 15 16

1	6	16	11
12	15	5	2
7	4	10	13
14	9	3	8

2 5 6 7 8
9 10 12 16

1	11	6	16
14	8	9	3
12	2	15	5
7	13	4	10

2 3 4 5 6
7 8 11 14

12	2	15	5
7	13	4	10
1	11	6	16
14	8	9	3

1 2 3 4 5
6 7 15 16

6	16	1	11
9	3	14	8
15	5	12	2
4	10	7	13

1 2 4 5 8
10 12 13 16

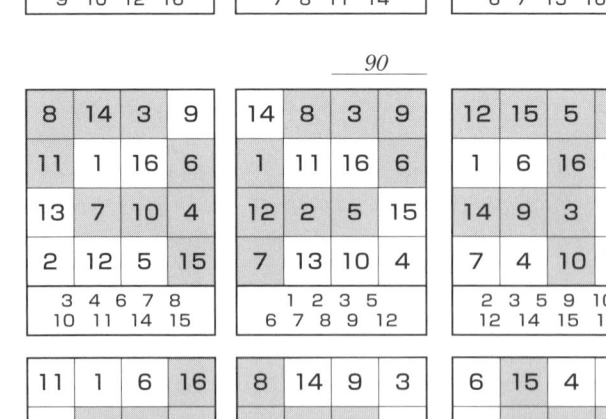

90

8	14	3	9
11	1	16	6
13	7	10	4
2	12	5	15

3 4 6 7 8
10 11 14 15

14	8	3	9
1	11	16	6
12	2	5	15
7	13	10	4

1 2 3 5
6 7 8 9 12

91

12	15	5	2
1	6	16	11
14	9	3	8
7	4	10	13

2 3 5 9 10
12 14 15 16

6	1	11	16
15	12	2	5
4	7	13	10
9	14	8	3

2 3 5 7 10
12 14 15 16

11	1	6	16
8	14	9	3
13	7	4	10
2	12	15	5

2 3 9 10 12
13 14 15 16

8	14	9	3
11	1	6	16
2	12	15	5
13	7	4	10

1 2 4 5 6
7 8 10 11

6	15	4	9
1	7	12	14
16	2	13	3
11	10	5	8

2 5 7 8 10
11 12 14 15

13	3	16	2
5	8	11	10
4	9	6	15
12	14	1	7

1 4 5 6 8
10 11 12 13

1	6	11	16
7	5		
12		13	
13			15

92

1	11	6	16
7	13	4	10
14	2	15	3
12	8	9	5

1 6 7 8 11
12 14 15 16

13	7	10	4
11	1	16	6
8	12	5	9
2	14	3	15

3 4 6 7 9
10 12 13 15

93

11	1	16	6
2	14	3	15
8	12	5	9
13	7	10	4

1 2 3 4 5
8 9 10 12

2	3	14	15
11	16	1	6
13	10	7	4
8	5	12	9

4 5 6 7 8
10 13 14 16

1	11	6	16
12	8	9	5
14	2	15	3
7	13	4	10

1 2 3 4 5
6 10 11 16

14	2	15	3.
1	11	6	16
7	13	4	10
12	8	9	5

1 2 3 4 7
8 12 14 15

1	6	11	16
14	15	2	3
7	4	13	10
12	9	8	5

2 3 7 9 11
13 14 15 16

2	3	14	15
11	16	1	6
8	5	12	9
13	10	7	4

1 2 3 5 6
7 9 11 16

94

1	6	11	16
14	15	2	3
12	9	8	5
7	4	13	10

1 3 5 6 8
9 10 11 12

12	9	8	5
1	6	11	16
7	4	13	10
14	15	2	3

1 2 5 7 8
9 11 13 14

11	16	1	6
8	5	12	9
2	3	14	15
13	10	7	4

1 2 3 6 8
13 14 15 16

8	12	5	9
11	1	16	6
13	7	10	4
2	14	3	15

1 2 3 4 6
7 9 12 14

1	6	11	16
8	7		
10		12	
15			14

1	6	11	16
8	12	5	9
15	3	14	2
10	13	4	7

2 4 7 9 10 13 14 15 16

95

1	11	16	6
8	14	9	3
10	4	7	13
15	5	2	12

1 2 3 6 9 11 12 13 16

11	1	16	6
5	8	9	12
14	15	2	3
4	10	7	13

1 2 4 5 7 10 13 14 15

96

15	14	3	2
10	4	13	7
1	11	6	16
8	5	12	9

3 5 6 7 8 9 11 12 16

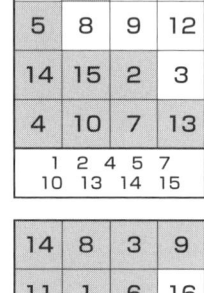

1	6	16	11
15	12	2	5
10	13	7	4
8	3	9	14

1 3 6 8 10 11 12 15 16

14	15	2	3
11	1	16	6
4	10	7	13
5	8	9	12

2 3 6 11 12 13 14 15 16

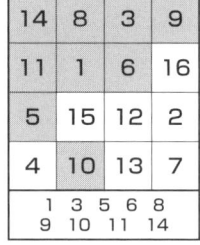

14	8	3	9
11	1	6	16
5	15	12	2
4	10	13	7

1 3 5 6 8 9 10 11 14

10	7	13	4
1	16	6	11
8	9	3	14
15	2	12	5

4 6 7 10 11 12 13 14 16

16	1	11	6
7	10	4	13
2	15	5	12
9	8	14	3

1 3 6 10 11 12 14 15 16

97

7	10	4	13
16	1	11	6
9	8	14	3
2	15	5	12

2 4 7 9 10 11 13 14 15

5	2	15	12
4	13	8	9
14	3	10	7
11	16	1	6

1 2 4 5 6 7 8 11 14

98

13	4	9	8
2	5	12	15
16	11	6	1
3	14	7	10

3 5 7 8 9 10 14 15 16

8	9	14	3
15	2	5	12
1	16	11	6
10	7	4	13

2 3 4 7 10 12 13 14 16

11	6	1	16
4	13	10	7
14	3	8	9
5	12	15	2

2 4 5 6 8 10 11 12 15

6	13	12	3
16	4	5	9
1	15	10	8
11	2	7	14

1 2 3 6 9 10 11 12 13

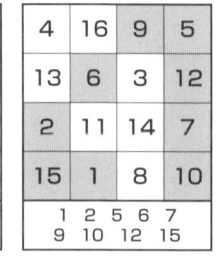

4	16	9	5
13	6	3	12
2	11	14	7
15	1	8	10

1 2 5 6 7 9 10 12 15

1	6	11	16
8	4		
12		14	
13			15

99

1	6	11	16
8	15	2	9
12	3	14	5
13	10	7	4

4 7 9 10 11
12 13 14 15

1	6	16	11
12	15	5	2
13	10	4	7
8	3	9	14

1 3 5 6 7
8 9 10 14

100

15	8	9	2
6	1	16	11
10	13	4	7
3	12	5	14

1 3 6 7 8
9 10 12 15

3	5	12	14
6	16	1	11
15	9	8	2
10	4	13	7

1 2 5 7 11
12 13 14 15

1	11	16	6
8	14	9	3
13	7	4	10
12	2	5	15

2 5 7 8 9
10 11 12 15

1	11	6	16
12	14	3	5
13	7	10	4
8	2	15	9

2 6 8 9 10
13 14 15 16

8	15	2	9
13	10	7	4
1	6	11	16
12	3	14	5

1 2 3 4 5
7 9 14 16

6	1	16	11
3	12	5	14
15	8	9	2
10	13	4	7

1 2 3 4 6
10 12 13 15

101

15	12	2	5
6	1	11	16
3	8	14	9
10	13	7	4

1 3 4 7 9
11 13 15 16

13	4	7	10
1	16	11	6
12	5	2	15
8	9	14	3

1 2 3 4 5
6 7 12 13

102

12	15	5	2
1	6	16	11
8	3	9	14
13	10	4	7

1 2 5 6 7
8 9 10 11

6	1	11	16
15	12	2	5
10	13	7	4
3	8	14	9

1 2 3 4 5
6 13 14 15

16	1	6	11
4	13	10	7
9	8	3	14
5	12	15	2

1 3 4 5 9
10 11 12 15

4	13	10	7
16	1	6	11
5	12	15	2
9	8	3	14

4 5 6 8 10
13 14 15 16

6	16	1	11
15	2	13	4
10	7	12	5
3	9	8	14

5 7 8 10 11
13 14 15 16

7	10	5	12
9	3	14	8
16	6	11	1
2	15	4	13

1 2 3 5 7
8 11 15 16

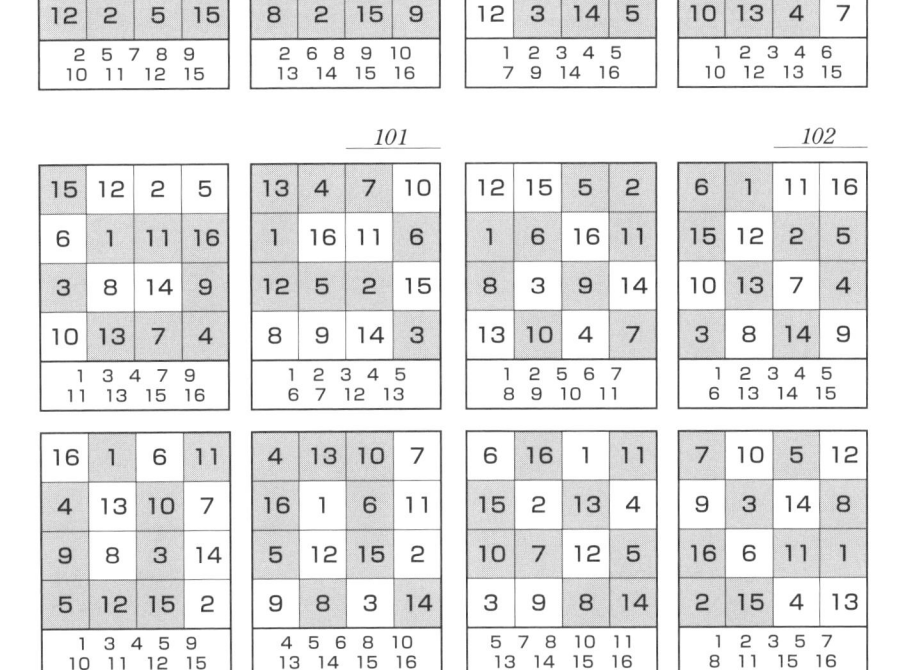

1	6	11	16
8	9		
12		10	
13			14

1	11	6	16
12	14	3	5
8	2	15	9
13	7	10	4

1 2 3 4 5
6 10 13 14

103

1	16	6	11
13	4	10	7
12	5	15	2
8	9	3	14

4 8 9 10 11
13 14 15 16

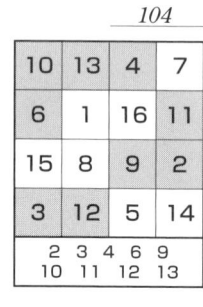

15	12	5	2
6	1	16	11
10	13	4	7
3	8	9	14

2 5 6 9 10
11 12 13 14

104

10	13	4	7
6	1	16	11
15	8	9	2
3	12	5	14

2 3 4 6 9
10 11 12 13

1	16	11	6
13	4	7	10
8	9	14	3
12	5	2	15

1 2 3 4 6
9 11 12 14

1	6	11	16
13	10	7	4
12	3	14	5
8	15	2	9

1 3 6 7 9
12 14 15 16

12	15	2	5
1	6	11	16
13	10	7	4
8	3	14	9

1 2 3 4 5
6 9 13 14

6	1	16	11
15	12	5	2
3	8	9	14
10	13	4	7

1 2 3 4 5
6 10 13 14

15	2	12	5
3	14	8	9
6	11	1	16
10	7	13	4

1 4 7 9 10
12 13 14 15

105

8	14	9	3
1	11	16	6
12	2	5	15
13	7	4	10

1 2 3 4 7
10 13 14 16

12	5	15	2
8	9	3	14
1	16	6	11
13	4	10	7

1 3 5 6 8
10 11 13 16

106

6	11	1	16
10	7	13	4
15	2	12	5
3	14	8	9

1 2 4 5 7
9 12 14 15

11	1	6	16
14	8	3	9
7	13	10	4
2	12	15	5

1 2 3 4 6
11 13 15 16

14	8	3	9
11	1	6	16
2	12	15	5
7	13	10	4

1 2 3 4 8
9 13 14 15

14	9	8	3
4	2	13	15
5	7	12	10
11	16	1	6

2 4 5 8 12
13 14 15 16

7	5	10	12
16	11	6	1
9	14	3	8
2	4	15	13

1 3 4 6 9
10 11 13 15

1	6	11	16
8	4		
12		14	
13			15

107

1	11	6	16
8	14	3	9
12	2	15	5
13	7	10	4
1 2 3 4 5 6 7 10 13			

1	6	11	16
12	10	7	5
13	3	14	4
8	15	2	9
1 2 5 6 8 10 11 14 16			

14	8	9	3
11	1	16	6
7	13	4	10
2	12	5	15
3 8 9 11 12 13 14 15 16			

10	12	5	7
6	1	16	11
15	8	9	2
3	13	4	14
1 3 4 7 9 12 13 14 15			

108

12	14	3	5
13	7	10	4
1	11	6	16
8	2	15	9
1 3 7 8 9 11 12 13 14			

11	1	16	6
14	8	9	3
2	12	5	15
7	13	4	10
1 3 5 6 7 9 10 15 16			

1	6	11	16
12	15	2	5
8	3	14	9
13	10	7	4
1 2 4 5 7 9 10 14 16			

1	11	6	16
13	14	3	4
12	7	10	5
8	2	15	9
1 2 7 8 12 13 14 15 16			

109

14	12	5	3
11	1	16	6
7	13	4	10
2	8	9	15
2 3 4 7 8 9 11 12 16			

14	13	4	3
11	1	16	6
2	8	9	15
7	12	5	10
1 4 5 6 8 10 12 14 15			

8	14	3	9
1	11	6	16
13	7	10	4
12	2	15	5
3 4 7 9 11 12 14 15 16			

11	1	16	6
2	8	9	15
14	12	5	3
7	13	4	10
1 2 5 9 10 11 13 14 16			

1	6	12	15
7	8		
10		11	
16			14

110   111

1	6	12	15
16	11	5	2
7	4	14	9
10	13	3	8

1 4 6 7 9
11 12 13 14

1	12	15	6
10	13	8	3
7	4	9	14
16	5	2	11

2 4 6 7 8
9 12 14 15

11	16	2	5
6	1	15	12
13	10	8	3
4	7	9	14

1 4 7 8
9 10 14 16

7	14	9	4
1	12	15	6
16	5	2	11
10	3	8	13

1 2 4 6
11 12 13 15

1	12	15	6
10	8	3	13
7	9	14	4
16	5	2	11

2 3 5 8 9
10 12 13 16

1	6	15	12
16	11	2	5
10	13	8	3
7	4	9	14

2 4 5 8 9
11 14 15 16

12	6	1	15
3	13	10	8
14	4	7	9
5	11	16	2

1 2 4 5
7 10 11 16

14	4	7	9
5	11	16	2
12	6	1	15
3	13	10	8

1 3 5 6
11 12 14 15

112   113

16	11	2	5
1	6	15	12
7	4	9	14
10	13	8	3

3 5 6 7
8 13 14 15

6	1	12	15
11	16	5	2
13	10	3	8
4	7	14	9

1 3 4 5
7 9 11 13

6	15	1	12
4	9	7	14
11	2	16	5
13	8	10	3

2 5 6 7
8 9 12 13

13	10	3	8
12	1	6	15
5	16	11	2
4	7	14	9

1 4 9 10
11 13 15 16

11	16	5	2
6	1	12	15
4	7	14	9
13	10	3	8

2 5 6 7
8 14 15 16

16	5	11	2
10	3	13	8
1	12	6	15
7	14	4	9

2 3 4 8
11 12 15 16

7	11	2	14
16	9	4	5
1	6	15	12
10	8	13	3

2 3 4 6
10 14 15 16

7	14	4	9
1	6	12	15
16	3	13	2
10	11	5	8

1 6 7 8
9 11 12 13

1	6	12	15
7	9		
10		11	
16			15

114

6	1	15	12
14	7	9	4
11	10	8	5
3	16	2	13
1 3 8 9 10 13 14 15			

9	16	5	4
11	7	14	2
8	10	3	13
6	1	12	15
2 3 5 6 7 9 10 13			

1	12	6	15
7	14	4	9
16	5	11	2
10	3	13	8
1 3 4 11 13 14 15 16			

1	15	12	6
7	9	4	14
10	8	13	3
16	2	5	11
2 4 6 7 9 10 11 13			

115

1	15	12	6
7	14	9	4
10	3	8	13
16	2	5	11
1 6 8 9 13 14 15 16			

1	15	6	12
10	8	13	3
16	2	11	5
7	9	4	14
1 2 6 8 12 13 14 16			

14	7	9	4
12	1	15	6
3	10	8	13
5	16	2	11
5 6 8 10 11 14 15 16			

10	3	8	13
1	15	12	6
16	2	5	11
7	14	9	4
1 2 4 5 7 9 13 15			

116

12	6	1	15
8	13	10	3
9	4	7	14
5	11	16	2
3 4 5 6 13 14 15 16			

8	10	13	3
12	1	6	15
5	16	11	2
9	7	4	14
1 2 7 8 13 14 15 16			

16	2	11	5
7	9	4	14
1	15	6	12
10	8	13	3
1 3 4 8 9 13 14 16			

15	1	12	6
8	10	3	13
2	16	5	11
9	7	14	4
1 5 6 8 9 11 12 16			

117

8	10	3	13
15	1	12	6
9	7	14	4
2	16	5	11
1 2 4 7 10 14 15 16			

7	4	14	9
10	13	3	8
1	6	12	15
16	11	5	2
1 2 3 5 6 8 12 14			

6	1	15	12
11	16	2	5
4	7	9	14
13	10	8	3
2 5 6 8 9 11 15 16			

9	7	14	4
15	1	6	12
2	16	11	5
8	10	3	13
1 4 6 7 10 12 15 16			

1	6	12	15
7	8		
10		11	
16			14

10	13	8	3
16	4	9	5
1	15	6	12
7	2	11	14

7 9 10 11
12 13 15 16

118

7	4	14	9
16	13	3	2
1	12	6	15
10	5	11	8

1 2 5 6
8 9 13 14

1	12	15	6
7	9	4	14
10	8	13	3
16	5	2	11

2 7 11 12
13 14 15 16

119

1	15	12	6
10	8	3	13
7	9	14	4
16	2	5	11

1 2 4 5
6 7 8 15

6	15	1	12
11	8	10	5
14	9	7	4
3	2	16	13

1 2 3 5
6 7 8 14

9	5	16	4
8	3	10	13
11	14	7	2
6	12	1	15

1 2 4 5
8 10 14 15

10	8	3	13
1	15	12	6
16	2	5	11
7	9	14	4

3 6 7 10
11 14 15 16

15	6	1	12
9	4	7	14
8	13	10	3
2	11	16	5

5 6 8 9
10 11 12 14

8	13	10	3
2	11	16	5
15	6	1	12
9	4	7	14

4 5 6 7
8 10 12 14

120

9	7	14	4
12	1	6	15
5	16	11	2
8	10	3	13

3 4 5 7
8 10 11 12

7	9	14	4
1	12	15	6
16	5	2	11
10	8	3	13

1 2 7 9 10
11 14 15 16

121

15	6	1	12
14	4	7	9
3	13	10	8
2	11	16	5

1 3 4 5 6
8 9 12 13

1	15	12	6
10	13	8	3
7	4	9	14
16	2	5	11

3 5 6 12
13 14 15 16

1	12	15	6
7	14	9	4
10	3	8	13
16	5	2	11

1 5 7 9
10 11 12 15

14	7	4	9
15	1	6	12
2	16	11	5
3	10	13	8

2 3 6 10 11
12 13 14 15

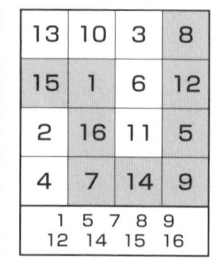

13	10	3	8
15	1	6	12
2	16	11	5
4	7	14	9

1 5 7 8 9
12 14 15 16

1	6	12	16
8			
9			
16			

122

8	5	11	10
16	13	3	2
1	12	6	15
9	4	14	7

2 3 6 7 8
10 13 14 16

13	16	2	3
5	8	10	11
4	9	7	14
12	1	15	6

1 3 5 8 9
10 11 12 13

123

8	11	5	10
1	6	12	15
16	3	13	2
9	14	4	7

1 2 4 6 7
9 10 14 16

13	2	16	3
4	7	9	14
5	10	8	11
12	15	1	6

1 3 6 10 11
13 14 15 16

5	8	10	11
13	16	2	3
4	9	7	14
12	1	15	6

2 4 6 7 9
10 11 12 14

16	13	3	2
8	5	11	10
1	12	6	15
9	4	14	7

1 5 6 7 9
12 13 15 16

16	3	13	2
1	6	12	15
8	11	5	10
9	14	4	7

1 2 3 5 9
10 13 15 16

5	10	8	11
4	7	9	14
13	2	16	3
12	15	1	6

4 5 6 8 9
10 12 13 15

124

5	8	10	11
3	16	2	13
14	9	7	4
12	1	15	6

3 5 6 8 9
10 12 13 14

16	3	13	2
8	5	11	10
1	12	6	15
9	14	4	7

2 3 4 5 9
10 13 15 16

5	10	8	11
14	7	9	4
3	2	16	13
12	15	1	6

1 3 6 10 11
12 14 15 16

16	13	3	2
1	6	12	15
8	11	5	10
9	4	14	7

2 4 7 8 10
12 14 15 16

著者プロフィール

素数人（そすうじん）

群馬県館林市出身。元塾講師。
趣味は、推理系の映画鑑賞、小説を読むこと。パズル（クロスワード、
ナンプレ等）を解くこと。
著書『脳活トレーニングパズル　魔方陣』（2016 年、文芸社）

脳活トレーニングパズル　魔方陣 初級編

2018年 9 月15日　　初版第 1 刷発行

著　　者　　素数人
発行者　　瓜谷 綱延
発行所　　株式会社文芸社
　　　　　〒160-0022　東京都新宿区新宿1－10－1
　　　　　　　　　　　電話　03-5369-3060（代表）
　　　　　　　　　　　　　　03-5369-2299（販売）

印刷所　　株式会社フクイン

ISBN978-4-286-19726-5